观叶、观果植物
栽培百科图鉴

吴棣飞　　王军峰◎编著

吉林科学技术出版社

图书在版编目（CIP）数据

观叶、观果植物栽培百科图鉴 / 吴棣飞、王军峰编著.
-- 长春：吉林科学技术出版社，2020.10
ISBN 978-7-5578-5267-2

Ⅰ．①观… Ⅱ．①吴… ②王… Ⅲ．①观赏植物－观赏
园艺－图解 Ⅳ．①S68-64

中国版本图书馆CIP数据核字(2018)第300030号

观叶、观果植物栽培百科图鉴

GUAN YE、GUAN GUO ZHIWU ZAIPEI BAIKE TUJIAN

编　　著	吴棣飞　王军峰
出 版 人	宛　霞
责任编辑	张　超
助理编辑	周　禹
书籍装帧	长春创意广告图文制作有限责任公司
封面设计	长春创意广告图文制作有限责任公司
幅面尺寸	167 mm×235 mm
开　　本	16
印　　张	14.5
页　　数	232
字　　数	300千字
印　　数	1-5 000册
版　　次	2020年10月第1版
印　　次	2020年10月第1次印刷
出　　版	吉林科学技术出版社
发　　行	吉林科学技术出版社
社　　址	长春市福祉大路5788号龙腾大厦A座
邮　　编	130118

发行部电话/传真　0431-81629529　81629530　81629531
　　　　　　　　　　　　　　81629532　81629533　81629534

储运部电话　0431-81629516

编辑部电话　0431-81629519

印　　刷	辽宁新华印务有限公司
书　　号	ISBN 978-7-5578-5267-2
定　　价	59.90元

前　言

　　"水陆草木之花，可爱者甚蕃。晋陶渊明独爱菊。自李唐来，世人甚爱牡丹。予独爱莲之出淤泥而不染，濯清涟而不妖……"

　　正如周敦颐所说，这世间的花，讨人喜爱的真是太多太多了，有人爱菊之幽淡，有人爱牡丹之雍容，有人爱莲之高洁，有人爱竹之谦逊，有人爱兰之清幽，亦有人都爱。

　　莳花弄草是一种悠闲的生活方式，就如老舍先生所写："我只把养花当作生活中的一种乐趣，花开得大小好坏都不计较，只要开花，我就高兴。在我的小院子里，一到夏天满是花草，小猫只好上房去玩，地上没有它们的运动场。"

　　但是老舍先生养花，只养"自己会奋斗的花草"，因为"珍贵的花草不易养活"，这正是很多爱花的人对一些花望而却步的原因。出版本书就是为了让更多爱花之人可以"近观"花之美好，可以尽情亲近自己爱的花，而不用担心自己"害了"花儿性命。

　　愿我们的生活就像期待中一样绿意满满，弥漫芬芳。

目录 ◀▶ CONTENTS

入门篇

了解观叶植物

栽培篇

第一章 让观叶植物更清新怡人

波斯顿蕨

铁线蕨

条纹十二卷

金琥

西瓜皮椒草

皱叶椒草

栗豆树

含羞草

吊竹梅

变叶木

花叶芋

绿萝

第二章　让观果植物着果丰硕

入门篇

了解观叶植物

观叶植物——美丽的叶

叶是植物进行光合作用、呼吸作用、蒸腾作用以及蒸发水分的主要器官。"完全叶"通常包括叶柄、叶片、托叶3部分，缺少其中的1个或者2个部分的叶片称为"不完全叶"。

叶柄

叶柄是叶片与茎连接的部分。叶柄与茎之间的夹角叫叶腋。伞形科植物叶柄基部膨大呈鞘状，荷花叶柄生在叶片中间，叫盾状着生。有的植物的叶柄基部膨大称叶枕，如豆科植物。

托叶

托叶生在叶柄基部两侧，为一对，其形状变化很大。有的宿存，如蔷薇属、悬钩子属植物；有的早落，如杨、柳；有的托叶合生在一起呈鞘状，称为托叶鞘，如蓼科植物。

叶片

叶片常呈薄的扁平状，草质或革质。景天科植物叶肉质，多浆汁；常绿植物的叶通常较厚，呈革质，坚而韧，略似皮革；节节草、文竹的叶退化呈膜质。

叶序

互生（粉花绣线菊）、对生（水苏）、轮生（猪殃殃）、簇生（银杏）。

叶形

植物叶的形状变化很大，有单叶与复叶之分。

单叶

在一个叶柄上只有一个叶片的叶为单叶。常见单叶类型：

肾形——马蹄金　　心形——紫荆　　三角形——金荞麦　　戟形——戟叶蓼

线形——斑点苔草　　针形——雪松　　披针形——柳树　　倒卵形——海桐

卵形——香樟　　菱形——乌桕　　长圆形——火力楠　　盾形——旱金莲

箭形——箭叶蓼　　三出裂——枫香　　掌状裂——葎草　　羽状裂——鹅掌藤

复叶

在一个叶柄上有两个以上叶片的为复叶。复叶的叶柄称总叶柄或叶轴；复叶上的叶片为小叶，其柄称为小叶柄。常见复叶类型：

单身复叶——柚

掌状复叶——鹅掌柴

三出复叶——云南黄馨

偶数羽状复叶——决明

奇数羽状复叶——月季

11

光照对观叶植物的影响

阳光是植物赖以生存的必要条件，是植物光合作用制造有机物质的能量源泉。它对观叶植物生长发育的影响主要表现在光照强度、光照时间两方面。依照观叶植物对光照强度要求的不同分为以下3类。

阳性植物

必须在完全的光照下生长，不能忍受稍许荫蔽，否则生长不良。此类观叶植物不适合室内盆栽，需要种植于庭院阳光充足处方能茁壮生长。如多数露地栽培一二年生花卉、宿根花卉、仙人掌科等。

阴性植物

必须在荫蔽的环境条件下才生长良好，一般荫蔽度达50%~70%为宜，如长期置于强光照射下则枝叶枯黄，生长停滞，严重的甚至死亡。此类观叶植物是室内盆栽的佳品，可长期置于半阴处，如文竹、绿萝、万年青、常春藤、龟背竹等。

中性植物

对光照强度的要求介于上述两者之间，一般喜阳光充足环境，同时稍耐阴，夏季忌烈日暴晒。此类观叶植物可短期置于室内观赏，需定期搬到室外光线充足处。如萱草、桔梗等。

养花匠的经验

不同的观叶植物对光照强度及光照时间的需求是不同的，同一植物不同生长发育期对

光照的要求也不同。对于室内栽培的观叶植物，需要适当调整摆放位置。如冬季可适当将盆栽移动到窗口、阳台光线明亮处接受光照。夏季光线过强时，可增加遮阳网，防止烈日暴晒。室内的环境下，光照往往不均匀，植物会向光生长，造成株形偏移，影响美观，因此需要定期转动花盆，使植物的全株均匀受光。

浇水的方法

　　很多新手都有养盆栽失败的惨痛经历，究其原因往往是浇水不合理。给观叶植物浇水的原则是"不干不浇，浇则浇透"，平常说的"干湿相间""干干湿湿"即为此意。浇水的"透"，是指浇水要浇到水从盆底的排水孔溢出为止。因此，对于大盆及水口（盆土土面至盆口的距离）较少的盆栽，应反复浇水数次，才能完全浇透。给不同状态的植株浇水，应根据不同情况，正确掌握浇水方法。具体应注意以下3个方面。

根据不同植株对水分的要求浇水

　　不同的植株对水分的要求是不同的，所以有"干松湿菊""干茉莉，湿珠兰（金粟兰）""干不死的蜡梅"等说法。通常情况是叶片硕大而柔软的，其叶面的蒸腾量较大，浇水的次数与水量应增加，如龟背竹、棕竹、旱伞草、紫鹅绒、橡皮树、羽裂蔓绿绒等，在生长期间喜较湿润的环境，浇水应掌握"宁湿勿干"。而叶面具角质层、蜡质、叶面多毛和针叶的植物，水分的散失比较慢，需水量也少些，如五针松、虎尾兰、莲花掌等，则喜较干燥的环境，浇水应掌握"宁干勿湿"的原则。

根据植株不同生长期对水分的要求浇水

　　性喜温暖而冬季需室内保温越冬的植株，整个越冬期间应保持盆土较干燥的状态，以利于植株的安全越冬。露地越冬的植株，由于其处在休眠状态，生命活动十分微弱，因而对水分的要求较少，日常养护时应节制浇水。植株生长旺盛的生长期，需水量增加，应充分供给水分。夏季高温处于休眠或半休眠的植株，则需控制浇水量，以免导致烂根死亡。

根据植株长势强弱浇水

　　枝叶茂盛、生长强健的植株，需水量较多，应充足浇水。生长衰弱或由于养护不当、病虫危害等原因而造成叶片大量脱落或叶面积减少的，都应严格控制水量，以免盆土过湿而导致植株的死亡。

土壤的选择

土壤的分类

土壤是植株赖以生存的基础，植物通过根部从土壤里吸收水分与营养，不同植物对土壤的要求不同。土壤主要有以下6种。

园土

园土一般为菜园、果园、竹园等的表层沙壤土，土质比较肥沃，呈中性、偏酸或偏碱。园土变干后容易板结，透水性不良。一般不单独使用。

河沙

河沙不含有机质、洁净，酸碱度为中性，适于扦插育苗、播种育苗以及直接栽培仙人掌及多浆植物。一般黏重土壤可掺入河沙，改善土壤的结构。

腐叶土

腐叶土一般由树叶、菜叶等物质腐烂而成，含有大量的有机质，疏松肥沃，透气性和排水性良好，呈弱酸性。一般腐叶土配合园土、山泥使用。用秋冬季节收集阔叶树的落叶（以杨、柳、榆、槐等容易腐烂的落叶为好）与园土混合堆放1~2年，待落叶充分腐烂即可过筛使用。

松针土

在山区森林里，松树的落叶经多年腐烂形成的腐殖质，即松针土。松针土呈灰褐色，较肥沃，透气性和排水性良好，呈强酸性，适于喜强酸性土壤的植株。

塘泥

塘泥也称河泥。一般为秋冬季节捞取的池塘或湖泊中的淤泥，晒干粉碎后与粗沙、谷壳灰或其他轻质疏松的土壤混合使用。

沼泽土

在沼泽地干枯后，挖取其表层土壤，为良好的盆土原料。沼泽土的腐殖质丰富，肥力持久，呈酸性，但干燥后易板结、龟裂，应与粗沙等混合使用。

基质的分类与选择

基质常用于无土栽培或与土壤混合使用，具有较好的透气性、保水性，还含有大量的微量元素，在现代的花卉栽培中广泛使用。主要基质有以下几类。

树皮

松树皮和硬木树皮具有良好的物理性质，树皮首先要粉碎成1~2厘米或5~10毫米等规格，细小的颗粒可作为栽培介质，具有疏松透气、质量轻、排水性好等特点。

木屑

木屑和树皮有类似的性质，但较易分解沉积，而过于致密则不易干燥。

砻糠灰

又称碳化谷壳灰，是谷壳燃烧后形成的灰，呈中性或弱酸性，含有较高的钾元素，掺入土中可使土壤疏松、透气。

泥炭

又称草炭，是由芦苇等水生植物，经泥炭藓的作用炭化而成。北方多用褐色草炭配制营养土。草炭土柔软疏松，排水性和透气性良好，呈弱酸性，为良好的扦插基质。

珍珠岩

是天然的铝硅化合物，即粉碎的岩浆岩加热到1 000℃以上所形成的膨胀材料。具封闭的多孔性结构。珍珠岩较轻，通气良好，无营养成分，质地均一，不分解，容易浮在混合基质的表面。

蛭石

是硅酸盐材料在800～1 100℃时加热形成的云母状物质。在加热中水分迅速失去，矿物膨胀相当于原来体积的20倍，其结果是增加了通气孔隙和持水能力。蛭石长期栽培植物后，容易致密，使通气和排水性功能变差，因此最好不要用作长期盆栽植物的基质。

陶粒

陶粒是黏土经烧制而成的大小均匀的颗粒，不致密，具有适宜的持水量和阳离子代换量。陶粒在盆栽基质中能改善通气性。无致病菌，无虫害，无杂草种子，不会分解，可以长期使用，但一般作为盆栽基质，只占总体积的20%左右。

煤渣

煤渣是煤炭经过燃烧后的废弃物，呈碱性反应，如果用它种植喜酸性植株，若条件允许应先用废酸处理掉过多钙质，然后用水清洗，晒干后再作盆栽基质。

岩棉

岩棉是60%辉绿岩和20%石灰岩的混合物，再加入20%的焦炭，在约1 600℃的温度下熔化制成。具有良好的保水性，可调节土壤的酸碱度。

肥料的使用

　　肥料施于土壤或植株的地上部分，能改善植株的营养状况、改良土壤性质、预防植物生理性病害。或者说肥料是直接或间接供给植株所需养分，改善土壤现状，提高作物产量和品质的物质。植株所必需的矿物质元素有氮、磷、钾"三要素"，钙、镁、硫"三中素"和硼、锰、锌、铜、钼、铁、氯"七微素"，共13种。简单地说，肥料就是为植株补充前面所说的13种元素为主。因此植株的施肥需要均衡，缺一不可。

有机肥

　　动物性的有机肥有：人畜粪便、骨粉、鱼类、动物内脏等。植物性的有机肥有：秸秆、豆饼、草木灰、蔬菜、果树皮等。有机肥的腐殖质可有效改良土壤的成分，但其获得途径比较困难，且容易产生臭味等，家庭栽培花卉只能少量应用，多作为基肥使用。

无机肥

　　无机肥也叫化学肥料，简称化肥。它具有成分单纯，有效成分高，易溶于水，分解快，易被根系吸收等特点，故称"速效性肥料"。无机肥料中亦包含复合化肥即复合肥，是指氮、磷、钾3种养分中，至少有2种养分且仅由化学方法制成的肥料，是复混肥料的一种。复合肥具有养分含量高、副成分少且物理性状好等优点，对于平衡施肥、提高肥料利用率、促进作物的高产稳产有着十分重要的作用。

繁殖的方法

植株的繁殖分为有性繁殖和无性繁殖两种。有性繁殖是指利用种子繁衍后代。其优点在于新生苗发育健壮、适应性强，适合大量繁殖。无性繁殖也叫营养繁殖，是指利用植物的营养器官（根、茎、叶）的一部分，培育成新的植株。主要方法有扦插、分株、压条、嫁接等，组织培养多用于工厂化生产，家庭栽培一般不采用。无性繁殖的优点在于可以保持亲本的特性不变，但无性繁殖的苗木根系发育差，适应能力不强，且不能大量繁殖新植物。

播种

播种的时间

播种时间大致为春秋两季，通常春播时间在2~4月，秋播时间在8~10月。家庭栽培受地理条件限制，没有大的苗床，均采用盆播，如有庭院、露台、阳台，也可采用露地撒播、条播。最经济的做法是盆播，出苗后移植。

盆播的准备

在播种前将盆洗刷干净，盆孔填上瓦片，在盆内铺上粗沙或其他粗质介质作排水层，尔后再填入筛过的细沙壤土，将盆土压实刮平，即可进行播种。

盆播的具体方法

　　一般大粒种子可以一粒粒的均匀点播，然后轻轻压紧再覆一层细土；小粒种子只有采取撒播，均匀播于盆中，然后轻轻压紧盆土，再薄薄覆盖一层细土。撒播完成后，用细眼喷壶喷水，或用浸水法将播种盆坐入水池中，即下面垫一倒置空盆，水分由底部向上渗透，直浸至整个土面湿润为止，使种子充分吸收水分和养分。最后将盆面盖上玻璃或薄膜，以减少水分蒸发。播种后到出苗前，土壤要保持湿润，不能过干过湿，早晚要将覆盖物掀开数分钟，使之通风透气，白天再盖好。一旦种子发出幼苗，立即除去覆盖物，使其逐步见光，不能立即暴露在强光之下，以防幼苗猝死。

间苗

　　幼苗过密，应该立即间苗去弱留强，以防过于拥挤，使留下的苗能得到充足的阳光和养料，茁壮成长。间苗后需立即浇水，使留下的幼苗根部不致因松动而死亡，当长出1~2片真叶时，即行移植。

扦插

　　扦插根据插穗的不同可分为以下4种。

叶插

　　即用植株叶片作为插穗，一般多用于再生力旺盛的植物。可分为全叶插和部分叶片扦插。用带叶柄的叶扦插时，极易生根。叶插发根部位有叶缘、叶脉、叶柄。非洲紫罗兰叶插于土中或泡于水中均可在叶柄处长出根来。虎尾兰可将叶片切为4~5厘米长数段，斜插于盆中，会在叶片下部生根发芽。

叶芽插

　　一枚叶片附着叶芽及少许茎的一种插法，介于叶插和枝插之间。茎可在芽上附近切断，芽下稍留长一些，这样生长势强、生根壮。一般插穗以3厘米长短为宜。橡皮树、花叶万年青、绣球、茶花都可采用此法繁殖。

枝插

因取材和时间的差异，又分为硬枝扦插、嫩技扦插和半硬枝插。硬枝扦插：落叶后或翌春萌芽前，选择成熟健壮、组织充实、无病虫害的一二年生枝条中部，剪长约10厘米、3~4个节的插穗，剪口要靠近节间，上端剪成斜口，以利排水，插入土中。嫩技扦插：即当年生嫩枝扦插，剪取枝条长7~8厘米，下部叶剪去，留上部少数叶片，然后扦插。半硬枝插：主要是常绿花木的生长期扦插，取当年生半成熟枝梢8厘米左右，去掉下部叶片留上部叶片2枚，插入土中1/2~2/3即可。

根插

用根作为插穗繁殖新苗，仅适用于根部能生长出新梢的种类。一般用根插时，根愈大则再生能力愈强，可将根剪为5~10厘米长，用斜插或水平埋插，使发生不定芽和须根。如芍药要选择靠近根头的部分，发芽力旺盛；垂盆草根细小，可切成2厘米左右的小段，撒于盆面上然后覆土。

插后的管理

扦插后的管理主要是勿过早见强光，遮阴浇水，保持湿润。根插及硬枝插管理较为简单，勿使受冻即可。软枝、半硬枝插，宜精心管理，保持盆土湿润，以防失水影响成活。发根后逐步减少灌水，增加光照，新芽长出后施液肥1次，植株成长后方可移植。此外，在整个管理过程中，要注意花卉病虫害和除草松土。

分株

分株繁殖多用于宿根草本、丛生灌木的繁殖，有时为施行老株更新，亦常采用分株法促进新株生长。分株繁殖大致可分为以下4类。

块根类分株繁殖

如大丽花的根肥大成块，芽在根茎上多处萌发，可将块根切开（必须附有芽）另植一处，即繁殖成为新植株。

根茎类的分株繁殖

埋于地下向水平横卧的肥大地下根茎，如竹类，在每一长茎上用利刀将带3~4芽的部分根茎切开另植。

宿根植物分株繁殖

丛生的宿根植物在种植三四年或盆植二三年后，因株丛过大，可在春、秋两季分株繁殖。挖出或结合翻盆，根系多处自然分开，一般分成2~3丛，每丛有2~3个主枝，再单独栽植。

丛生型及萌蘖类灌木的分株繁殖

将丛生型灌木花卉，在早春或深秋掘起，一般可分2～3株栽植，如蜡梅、南天竹、紫丁香等。另一类是易于产生根蘖的花木，将母体根部发生的萌蘖，带根分割另行栽植，如文竹。

压条

压条法，是将一植株枝条不脱离母体埋压土中繁殖的一种方法。多用于难以扦插生根的花卉，如蜡梅、桂花、结香、米仔兰等。

单枝压条

取靠近地面的枝条，作为压条材料，使枝条埋于土中15厘米深，将埋入地下枝条部分施行割伤或轮状剥皮，枝条顶端露出地面，以竹钩固定，覆土并压紧。连翘、罗汉松、棣棠、迎春等常用此法繁殖。此法还可在一个母株周围压条数枝，增加繁殖株数。

堆土压条

此法多用于丛生性花木，可在前一年将地上部剪短，促进侧枝萌发；第2年，将各侧枝的基部刻伤堆土，生根后，分别移栽。

波状压条

将枝条弯曲于地面，割伤枝条数处，将割伤处埋入土中，生根后，切开移植，即成新个体。此法用于枝条长而易弯的种类。

高空压条法

此法通常是用于株形直立、枝条硬而不易弯曲，又不易发生根蘖的种类。选取当年生成熟健壮枝条，施行环状剥皮或刻伤，用塑料薄膜套包环剥处，用绳扎紧，内填湿度适宜的苔藓和土，等到新根生长后剪下，将薄膜解除，栽植成新个体。压条不脱离母体，均靠母体营养，要注意埋土压紧。栽植时尽量带土，以保护新根，有利成活。

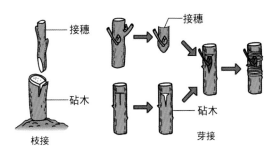

接穗

砧木

枝接

接穗

接穗

砧木

芽接

嫁接

嫁接是用一植株的一部分，嫁接于其他植株上繁殖新株的方法。用于嫁接的枝条称接穗，所用的芽称接芽，被嫁接的植株称为砧木，接活后的苗为嫁接苗。在接穗和砧木之间发生愈合组织，当接穗萌发新枝叶时，即表明接活，剪去砧木萌枝，就形成了新个体。休眠期嫁接一般在3月上中旬，有些萌动较早的种类在2月中下旬。秋季嫁接在10月上旬至12月初。生长期嫁接主要是进行芽接，7~8月为最适期。砧木要选择和接穗亲缘近的同种或同属植物，且适应性强，生长健壮的植株；接穗要选生长饱满的中部枝条。嫁接的主要原则是切口必须平直光滑，不能毛糙、内凹，嫁接绑扎的材料，现在多用塑料薄膜剪成长条。操作方法主要有如下3种。

切接

将选定砧木平截去上部，在其一侧纵向切下2厘米左右，稍带木质部，露出形成层，接穗枝条一端斜削成2厘米长，插入砧木，对准形成层，绑扎牢即可。

靠接

将接穗和砧木两个植株，置于一处，将粗细相当的两根枝条的靠拢部分，都削去3~5厘米长，深达木质部，然后相靠，对准形成层，使削面密切接合并扎紧。

芽接

多用"丁"字形芽接，即将枝条中部饱满的侧芽，剪去叶片，留下叶柄，连同枝条皮层削成芽片，长约2厘米，稍带木质部，然后将砧木皮切成一"丁"字形，并用芽接刀将薄片的皮层挑开，将芽片插入，用塑料薄膜带扎紧，将芽及叶柄露出。

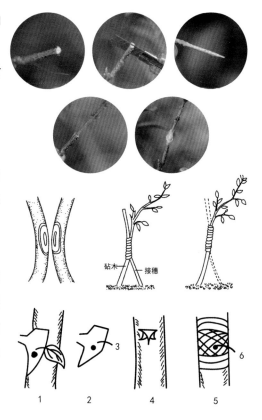

砧木　接穗

1　2　3　4　5　6

观叶植物生理性病害防治

观叶植物在生长发育过程中，常因低温、高温、强光、干旱、积水等不利条件而生病，此类因不适应环境条件所引起的病害叫生理性病害，也叫作非侵染性病害。

低温

低温对植株的伤害，大体可分为寒害、霜害及冻害3种。

寒害

寒害又叫冷害，是指温度在0℃以上的低温对不耐寒植株的危害，受害的主要是原产于热带或亚热带的植株。寒害最常见的症状是变色、坏死及表面出现斑点。木本花卉还会出现芽枯、顶枯、破皮流胶及落叶等现象。

霜害

气温或地表温度下降到0℃左右时，空气中饱和的水汽凝结成白色的冰晶——霜。由于霜的出现而使植株受害，称为霜害。遭受霜害后，受害叶片呈水浸状，解冰后软化萎蔫，不久即脱落。木本花卉幼芽受冻后变为黑色，花器呈水浸状，花瓣变色脱落。

冻害

冻害是指气温冷却，温度降至冰点以下，使植株体细胞间隙结冰所引起的伤害。冻害常将草本花卉冻死，将一些木本花卉树皮冻裂，导致枝枯或伤根。

/// 小贴士 ///

观叶植物受低温的伤害，除了外界气温的因素外，还取决于植株品种抵抗低温的能力，同一品种在不同发育阶段，抗低温的能力也不同。休眠期抵抗性最强，生长期居中，开花结果阶段抵抗性最弱。

高温

当温度超过观叶植物所能忍受的最高温度后再继续上升，就会对它产生伤害作用，使其生长发育受阻、植株矮小、叶和茎部发生局部灼伤。叶片对高温反应最敏感，在强光照射下，叶温可以高出气温10℃以上，所以高温时叶片最易受到伤害。高温主要是破坏了植株光合作用和呼吸作用的平衡，使呼吸作用超过光合作用，导致植株生长衰弱，影响美观。高温还能促使蒸腾作用加强，破坏水分平衡，使植株萎蔫干枯而死。此外，高温通常是和强烈光照及干旱同时发生，导致复杂的生理性病害。

干旱

干旱对观叶植物的危害大体上分为直接危害和间接危害两类。直接危害是由于干旱时土壤中水分缺乏，叶片蒸腾失水后得不到补充，引起细胞原生质脱水，直接破坏了细胞结构，造成植株死亡，这种危害一般是不可逆的。间接危害是细胞脱水后，引起植株体内能量代谢紊乱，营养物质吸收和运输受阻，影响植株生长发育。这一过程较缓慢，通常不会导致植株死亡。干旱对观叶植物的危害程度，因不同种类植物的抗旱性不同而有区别。

涝害

植株正常生长需要适量的水分，过多的土壤水分和过高的大气湿度，会破坏植株体内水分的平衡，使生长发育受阻，严重时造成死亡。涝害使观叶植物死亡的原因有如下两点。

土壤缺氧

尤其在淹水情况下，土壤中的空气减少，造成土壤缺氧，根系呼吸减弱，长期下去就会使植株窒息死亡。科学实验表明，如土壤中氧气含量低于10%，这时就会抑制植株根系呼吸，进而影响整株的生理功能。

有毒物质产生

　　水分过多造成土壤中氧含量的剧减和二氧化碳的累积，使土壤中氧化还原电位下降，因而抑制了需氧细菌的活动，促进了厌氧细菌的活跃，产生多种有机酸（甲酸、草酸、乳酸等）或产生硫化氢、甲烷等有毒物质。这些物质的积累能阻碍植株根系的呼吸和养分的释放，使根系中毒、腐烂甚至死亡。

盐土对植物的危害

　　①土壤中盐类浓度过高，会使植株体内的溶液浓度低于外部，从而使根部无法从土壤中吸取水分，正常的代谢过程遭到破坏，引起植株生理性干旱，严重时造成植株枯萎死亡。

　　②土壤中盐类浓度过高，植株体内积累大量的盐类，就会影响植株的代谢过程，导致含氮的中间产物积累，使细胞中毒。

　　③引起植株干旱枯萎。土壤中盐类浓度过高，会导致气孔不能关闭，水分大量蒸腾，引起植株干旱枯萎。

　　④影响花卉的正常营养。由于钠离子的竞争，使植物对钾、磷及其他元素的吸收减少，磷的转移也受到抑制，影响植物的正常营养，造成植物生长不良。

　　⑤干旱季节，盐类积累在表土层，会直接伤害根茎交界处的组织。

碱土对花卉的危害

　　①碱性土壤可直接毒害花卉的根系。

　　②碱性过强的土壤，物理性质恶化，土壤结构被破坏，形成了一个透水性极差的碱化层，湿时膨胀黏重，干时坚硬板结，使植物不能正常吸收水分，导致生长不良。

///小贴士///

　　盐碱土危害表现出来的症状基本上与干旱造成的症状相似，使植株生长缓慢，叶片褪绿、萎蔫和枯焦等。

肥害

　　肥害主要体现为施肥过多或者肥料不足。在植物的栽培过程中，只要把握薄肥勤施的原则，并注意施肥的时机，不要在高温或休眠期施用过多的肥料，即可避免肥料过多的情况发生。相对而言，植物缺少肥料造成生长不良的情况更容易被人忽略，不易察觉。植物缺少肥料的症状可参考下表。

植物缺乏肥料元素的病症检索表

老叶病症

病症常遍布整株，
基部叶片干焦和死亡

整株深绿，常呈红或
紫色，基部叶片黄
色，干燥时暗绿，茎
细而短

缺磷

病症常限于局部，
基部叶片不干焦，但杂色或缺绿，
叶缘杯状卷起或卷皱

叶杂色或缺绿，在叶脉间或叶尖
和叶缘有坏死斑点，叶小，茎细

缺钾

整株浅绿，基部叶片
黄色，干燥时呈褐
色，茎细而短

缺氮

叶杂色或缺绿，有时呈红
色，有坏死斑点，茎细

缺镁

坏死斑点大而普遍出现于
叶脉间，最后出现于叶
脉，叶厚，茎细

缺锌

嫩芽病症

顶芽死亡，
嫩叶变形或坏死

嫩叶初呈钩状，
后从叶尖和叶缘
向内死亡

缺钙

顶芽仍活，但缺绿或萎蔫，无坏死斑点

嫩叶萎蔫，无
失绿，茎尖弱

缺铜

嫩叶不萎蔫，有失绿

坏死斑点小，
叶脉仍绿 **缺锰**

无坏死斑点
叶脉仍绿 **缺铁**
叶脉失绿 **缺硫**

嫩叶基部浅绿，
从叶基起枯死，
叶捻曲

缺硼

健康的嫩芽

观叶植物非生理性病害防治

植物在生长发育过程中，因真菌、细菌危害所引起的病害叫非生理性病害，也叫作侵染性病害。

白粉病

白粉病是较为常见的病害，主要危害月季、木芙蓉、十大功劳等花木的叶片、叶柄、花蕾和嫩梢。叶片发病初期，叶片背面出现白色粉状物，叶片下面逐渐生成淡黄色斑，嫩叶受害皱缩卷曲，有时变成紫红色。严重时，全叶被白粉层覆盖，叶片枯萎脱落。叶柄和嫩梢受害，病部略膨大，并发生弯曲。花蕾受害不能开放或者花姿畸形。受害部位均布满白色粉层，后期白粉层中有时产生小黑点。

以4~6月和9~10月发病较重。高温、干燥、通风不良、偏施氮肥、阳光不足、过度密植均易引发病害。

防治方法

① 加强栽培管理，注意卫生。施氮肥不宜过多，适当增施磷、钾肥，提高植株抗病能力。提高环境的通风条件，使湿度不至于过高。光线要充足，种植不要过密。结合修剪整枝，去掉病梢病叶，及时清除地上的枯枝落叶，集中烧毁或深埋。

② 发病初期喷药保护。喷药要全面周到，特别要注意嫩叶、嫩梢等幼嫩部位。药剂可选用25%粉锈宁可湿性粉剂2 000倍液或50%甲基托布津可湿性粉剂800倍液。

炭疽病

极为常见的主要病害。此病主要危害山茶、茉莉、米兰等花木。叶片受浸染后沿叶尖或叶缘出现近半圆形褐色病斑。发病后期病斑中央变成灰白色，边缘具轮纹状纹。此时病部正反两面均产生散生小黑点，病部与健全部分交界处有褐色线圈。

防治方法

① 提高环境的通风条件，清除枯枝落叶，烧毁。

② 从4月中旬开始用50%的代森锌可湿性粉剂500倍液，或50%的退菌特、多菌灵可湿性粉剂500倍液，或70%的炭疽福美、甲基托布津可湿性粉剂800～1 000倍液，交替喷洒，连续3～4次。

黑斑病

是月季等蔷薇类植物最重要的病害之一，也是一种世界性的植物病害。月季类叶片、叶柄和花梗均可受害，主要危害叶片。发病初期叶片表面出现红褐色至紫褐色小点，逐渐扩大成圆形或不规则形的暗色病斑，病斑周围常带有黄晕圈，边缘呈放射状，病斑直径3～15毫米。后期病斑上散生黑色小粒点，严重时，整个植株下部乃至中部叶片全部脱落，成为光秆，个别枝条枯死。

以6～10月发病较重。高温、干燥、通风不良、偏施氮肥、阳光不足、过度密植均易引发病害。

防治方法

① 及时清除枯枝落叶，摘除病叶，剪去病枝，以减少浸染来源。

② 加强栽培管理，给月季创造良好的生长环境。浇水和降雨后要及时通风降湿，种植不要过密，浇水要适量，避免喷淋式浇水，忌夜间浇水；适当增施磷、钾肥，提高植株抗病性。

③ 选育和栽培适合当地种植的抗病品种。

④ 进行药剂防治。及早喷施50%多菌灵可湿性粉剂1 000倍液，或75%百菌清可湿

性粉剂800倍液，或70%甲基托布津可湿性粉剂800～1 000倍液，或80%代森锌可湿性粉剂500倍液，或1：100的波尔多液。

煤污病

由于蚜虫、介壳虫等的刺吸危害，其排泄的分泌物——蜜露，在比较阴湿的条件下，易诱发煤污病。表现为叶片、树干、枝条上被有一层乌黑的煤污层，严重影响到叶片的光合作用，从而导致植株生长不良，不能正常孕蕾开花。

防治方法

春季出现蚜虫危害，及时用10%的吡虫啉可湿性粉剂2 000倍液喷杀；出现介壳虫危害，可用25%的扑虱灵可湿性粉剂2 000倍液喷杀；每15天用70%的甲基托布津可湿性粉剂800倍液喷洒植株1次。

细菌性穿孔病

此病对碧桃、樱花、梅花等花木的危害最严重。该病主要侵害叶片，也能浸染枝梢及果实。叶片发病时初为水渍状小斑点，后扩展成圆形、多角形或不规则形紫红色至黑褐色病斑，病斑周围呈水渍状并有黄绿色晕环。发病后期病斑干枯，边缘产生离层，病斑脱落，形成穿孔。

防治方法

① 适合冬季修剪，清除患病落叶和枯枝，集中烧毁。

② 发病前喷施3波美度石硫合剂；展叶后喷施65%代森锌500倍液，或1：4：240硫酸锌石灰液，每10天左右喷1次，连续喷3～4次。

灰霉病

主要危害在花木的叶片、花蕾、花瓣和幼茎。叶片受害，在叶缘和叶尖出现水渍状淡褐色斑点，稍凹陷，随后扩大并发生腐烂。花蕾受害变褐、枯死，不能正常开花。

花瓣受害后变褐、皱缩和腐烂。幼茎受害也发生褐色腐烂，造成上部枝叶枯死。在潮湿条件下，病部长满灰色霉层。

灰霉病的病原为灰葡萄孢菌，病菌以菌丝体和菌核越冬，条件适宜时产生分生孢子。经风雨传播，从伤口侵入，或者直接从表皮侵入。湿度大是诱发灰霉病的主要原因。此外，播种过密，植株徒长，植株上的衰败组织不及时摘除，伤口过多以及光照不足，温度偏低，均可加重该病的发生。

防治方法

① 及时清除灰霉病病害部位，防止传播。

② 于发病初期即喷药保护，药剂可选择1∶1∶100的波尔多液，或50％甲基托布津可湿性粉剂500倍液，或50％多菌灵可湿性粉剂500倍液，或70％代森锰锌可湿性粉剂500倍液。每隔10天喷1次，连续喷3～4次。

白绢病

白绢病在我国长江以南地区发病较重。病菌主要侵害花卉茎基部。其症状特征是发病初期茎基部出现暗褐色斑点，后逐渐沿茎秆向上下蔓延，病部皮层组织坏死，形成白色网膜状物，并可蔓延至土壤表层。在白色菌丝层上面逐渐形成许多小颗粒，初期为白色，后呈黄色，最后变成褐色似油菜籽状的菌核。由于病基部组织腐烂，养分和水分输导受阻，造成地上部生长停滞，枝叶凋萎，甚至全株枯死。

在高温潮湿的条件下，尤其是6～7月多雷雨季节，白绢病发生最多。当肥水管理不当、植株营养不良或土壤黏重、排水不好时，白绢病均易发生。

防治方法

① 加强栽培管理，适当松土，增加土壤透气与排水。

② 发病初期，在植株基部及周围土壤中，喷洒50％代森铵1 000倍液。过7～10天后，再喷洒1次。此后再用70％甲基托布津1 000倍液，或50％多菌灵1 000倍液，施于

根际土壤，以抑制病害蔓延。重病植株拔除后，可用50％代森铵500倍液或石灰粉，灌、撒病穴，对土壤进行消毒。

褐斑病

常造成叶片早落，但危害较轻。染病叶片常在叶缘或脉间的叶肉组织开始发病，病斑长条形至不规则形，黄褐至黑褐色，有时病部表面长出黑色霉状物。坏死的病斑卷曲变脆，病斑上的霉点即病原菌的分生孢子梗和分生孢子。

高温高湿的条件，容易发病。一般老叶比嫩叶受害严重。

防治方法

① 加强栽培管理，及时清除病叶可有效控制病害蔓延。

② 发病期，喷施1∶1∶100波尔多液或50％百菌清800倍液或甲基托布津1 000倍液。

观叶植物
虫害防治

蚜虫类

蚜虫有很强的繁殖力，每年繁殖代数因气候和营养条件等而异。一般每年繁殖10多代，最多可达20~30代。蚜虫常数百头聚集在植株的叶片、嫩茎、花蕾、顶芽上吸取大量汁液，引起植物叶片出现斑点、缩叶、卷叶、虫瘿、肿瘤等多种被害症状。同时蚜虫的排泄物为透明的黏稠液体，称为蜜露。由于蚜虫群密度大且贪食，所以，排出的蜜露极多，常可盖满花卉表面，好像涂了一层油，严重影响花卉的呼吸和光合作用。蜜露又是病菌的良好培养基，易引起真菌滋生，诱发煤污病等。此外，许多蚜虫还是病毒病的媒介昆虫。

防治方法

可用吡虫啉1 000~2 000倍液防治。家庭盆栽若发现少量蚜虫用水冲走即可。

介壳虫类

介壳虫俗称花虱子，种类、虫态不易区分，是昆虫中一个奇特的类群。雌雄异形，雌虫无翅，头、胸、腹分界不明显；雄虫有1对膜质的前翅，后翅退化为平衡棍，不活动或不活泼。介壳虫用刺吸式口器吸食枝叶汁液，造成枝叶萎黄，乃至整枝、整株枯死。同时其介壳或所分泌的蜡质等物覆盖植株表面，影响呼吸作用和光合作用。再加上不少种类的介壳虫能排泄蜜露，成为真菌的培养基，易诱发煤污病。因此，介壳虫对花木危害极大。

介壳虫种类繁多，据不完全统计，我国约有15科近700种。繁殖能力强，实验表明，每只吹绵介雌成虫一年可产卵数百至数千粒。由于绝大多数介壳

虫体表常覆有介壳或被有粉状、绵状等蜡质分泌物，一般药剂很难透入虫体，因而抗药性强，给防治工作带来很大困难。正是由于上述种种原因，所以介壳虫是花卉健康生长的一大劲敌。

防治方法

需要掌握防治时机，在若虫期介壳尚未完全覆盖时防治效果最佳，可使用介杀死乳剂1 000～2 000倍液、氧化乐果乳油1 000倍液防治。家庭盆栽发现少量介壳虫时，可用毛刷刷除，若枝条有大量虫口，可剪除枝条。

粉虱类

粉虱成虫体小、纤细，雌、雄成虫均有翅，能飞，身体和翅膀上常被有粉状物。危害严重时，叶背面布满若虫和成虫，受害叶片多沿叶缘向背面卷曲，影响花卉正常生长发育。

防治方法

可用吡虫啉1 000～2 000倍液或氧化乐果乳油1 000倍液防治。

螨类

又称红蜘蛛，螨类虽然不是昆虫，但其对花卉造成的危害与昆虫非常相似，是影响花卉健康生长的重要害虫。螨个体很小，较难发现。危害花木最常见的是叶螨，叶螨危害叶片，使叶片出现褪绿斑点，进而枯黄和脱落，严重时使寄主死亡。

防治方法

可使用克螨特1 000倍液防治，家庭栽培虫口密度不大，用自来水冲刷即可。

食叶害虫

此类害虫的种类较多，食性很杂，若不及时处理，则会严重影响花卉的生长和观赏效果。常见的食叶害虫主要有蛾类、金龟子类等。蛾类主要以幼虫危害为重，金龟子类幼虫、成虫均会危害花木。

防治方法

清理周边环境，消灭在落叶、枯草、树干及根部越冬的害虫。虫害大量发生时，可使用敌敌畏、美曲膦酯、甲胺磷等农药喷施。

蛀干害虫

此类害虫对植物危害甚大，常见的有天牛类、透翅蛾类、木蠹蛾类等。其以幼虫危害植物的茎干或树皮，使枝干枯折、叶片萎蔫，甚至整株死亡。

防治方法

在成虫产卵期或幼虫初孵期，多在6~9月，以杀螟松1 000倍液防治。若有少量幼虫蛀入茎干，通常可在树干基部发现大量木屑。可使用针筒将敌敌畏20~50倍液注入虫孔，并用泥土或者棉团堵住虫孔。

栽培篇

第一章
让观叶植物更清新怡人

圆盖阴石蕨

科属：骨碎补科阴石蕨属
别名：毛石蚕、岩蚕、狼尾山草

Humata tyermanni

　　圆盖阴石蕨主要分布于马来西亚至波利尼西亚，在我国分布于华东、华南和西南等地。在野外多附着于树干、岩石上生长。喜温暖、湿润和半阴环境，能耐一定干旱，对恶劣环境有较强的抵抗能力，不耐寒。

繁殖方法

　　可采用扦插繁殖或分株繁殖。扦插时，将根状茎切成10厘米左右一段，在切口上涂上草木灰，然后斜插入腐殖土中，保持一定的湿度并遮阴；春季扦插，一个月左右即可发芽展叶。分株常在春季换盆时进行，将根状茎切开，每段留2~3片叶或芽，稍加覆土，使其固定，置阴湿处，待新根长出后再逐步上盆。

养花之道

　　初上盆时，不宜埋土过深，否则容易导致根状茎腐烂。

　　为保持其茎叶葱绿鲜嫩，生长季节应放置在半阴处，给予充足的水肥，保持土壤湿润，并适当喷水增湿，每月施薄液肥2~3次。还要防止盆中积水，当水过多时，根状茎上灰白鳞片会变成褐色，此时应立即停止浇水。

　　8~9月植株进入休眠期，部分叶片会发黄枯萎，应予摘去，过一段时间即可恢复生长。

　　冬季要移入室内给予充足光照，中午前后用微温水喷雾，若室温能保持在10℃左右，则有利于保持其良好的观赏效果。

花卉诊治

　　虫害有蚜虫和红蜘蛛，可用肥皂水清洗防治，也可喷施乐果或氧化乐果乳油1 000~1 500倍液杀灭。发生叶枯病时，初期可用50%代森铵水溶液300~400倍液、70%甲基托布津可湿性粉剂800~1 000倍液喷施防治。

摆放布置

　　圆盖阴石蕨株形紧凑，体态潇洒，叶形美丽，特别是粗壮的根状茎密被白毛，形似狼尾，十分独特。可置于窗台、办公桌、案头等处，或垂吊于窗前、盥洗室中。

多年生小型附生蕨类，株高约20厘米。根状茎长而横走，密被棕色至灰白色绒状膜质鳞片。叶革质，无毛；叶片阔卵状披针形，3～4回深羽裂。孢子囊群近叶缘着生于叶脉顶端，囊群盖圆形。

肾蕨

科属：肾蕨科肾蕨属
别名：蜈蚣草、圆羊齿

Nephrolepis cordifolia

肾蕨广布于热带和亚热带地区，我国南部各省有野生，常地生和附生于溪边林下的石缝中和树干上。喜温暖湿润和半阴环境，生长适温16～24℃，短时间能耐0℃低温和30℃以上高温。

繁殖方法

常用分株和孢子繁殖。分株繁殖可全年进行，以5～6月最好。将母株匍匐枝分段，每10厘米盆栽2～3丛。栽后置半阴处，并浇水保持潮湿。当根茎上萌发出新叶时，再放遮阳网下养护。

孢子繁殖应选择腐叶土或泥炭土加砖屑为播种基质，装入播种容器，将收集的肾蕨成熟孢子均匀撒入播种盆内，喷雾保持土面湿润，播后50～60天长出孢子体。

养花之道

肾蕨喜湿润土壤和较高的空气湿度。春、秋季需充分浇水，保持盆土不干，但浇水不宜太多，否则叶片易枯黄脱落。夏季除浇水外，每天还需喷水数次，特别是悬挂栽培需要空气湿度更大些，否则空气干燥，羽状小叶易发生卷边、焦枯现象。肾蕨喜明亮的散射光，也能耐较低的光照，但忌阳光直射。规模性栽培应设遮阳网，以50%～60%遮光率为宜。

花卉诊治

室内栽培时，如通风不好，易遭受蚜虫和红蜘蛛危害，可用肥皂水或40%氧化乐果乳油1 000倍液喷洒防治。在浇水过多或空气湿度过大时，肾蕨易发生生理性叶枯病，注意盆土不宜太湿，并用65%代森锌可湿性粉剂600倍液喷洒。

摆放布置

肾蕨株形直立丛生，复叶深裂奇特，叶色浓绿且四季常青，形态自然潇洒，广泛应用于客厅、办公室和卧室美化布置，尤其用作吊盆栽培更是别有情趣。

附生或土生植物。根状茎直立，其下部具匍匐茎向四方横展。叶丛生，近革质，叶片线状披针形，回羽状复叶。羽片多数，常成覆瓦状。孢子囊群生于叶背面侧脉的小脉顶端，在中脉两旁各成一行。

波斯顿蕨

科属：肾蕨科肾蕨属

别名：波士顿高肾蕨、波士顿球蕨

Nephrolepis exaltata 'Bostoniensis'

波斯顿蕨原产于热带及亚热带，我国台湾地区有分布。性喜温暖、湿润及半阴环境，喜通风，忌酷热。

繁殖方法

常用分株法繁殖，夏季从生长旺盛的植株中剪下枝上生出的带根小植株，另行栽植即可。

花卉诊治

虫害主要是毛虫、介壳虫、粉介和线虫等造成的危害，可用肥皂水或40%氧化乐果乳油1 000倍液喷洒防治。

—— 养花之道 ——

一般放置在室内明亮散射光处培养。隔年于春季换一次盆。盆栽选用腐叶土、河沙和园土的混合培养土，有条件采用水苔作培养基则生长更好。生长期要经常保持盆土湿润，不宜过湿或过干。夏季每天浇水1～2次，经常向叶面喷水。生长期每4周施一次稀薄腐熟饼肥即可，不宜使用速效化肥。生长适温为15～25℃，冬季气温在1℃以上能安全越冬。

摆放布置

波斯顿蕨枝叶翠绿浓密，呈下垂状，是良好的观叶植物，适宜盆栽于室内吊挂观赏，其匍匐枝剪下可用作装饰材料。

多年生常绿蕨类草本植物。根茎直立，有匍匐茎。叶丛生，长可达60厘米，叶片展开后下垂，具细长复叶，二回羽状深裂，小羽片基部有耳状偏斜。孢子囊群半圆形，生于叶背近叶缘处。

铁线蕨

科属：铁线蕨科铁线蕨属
别名：铁丝草、铁线草

Adiantum capillus-veneris

铁线蕨原产于热带美洲和亚热带地区，多生于溪边山谷湿石上。喜温暖、湿润和半阴环境，不耐寒，忌阳光直射。喜疏松、肥沃和含石灰质的沙质壤土。

繁殖方法

以分株繁殖为主，宜在春季新芽尚未萌发前结合换盆进行。将长满盆的植株切断其根状茎，分成数丛，分别栽植。另外，孢子繁殖亦可。

花卉诊治

室内栽培时，如通风不好，易遭受蚜虫和红蜘蛛危害，可用肥皂水或40%氧化乐果乳油1 000倍液喷洒防治。在浇水过多或空气湿度过大时，铁线蕨易发生生理性叶枯病，注意盆土不宜太湿，并用65%代森锌可湿性粉剂600倍液喷洒。

—— 养花之道 ——

铁线蕨喜疏松透水、肥沃的石灰质沙壤土，盆栽时培养土可用壤土、腐叶土和河沙等量混合而成。

生长期每周施一次液肥，经常施钙质肥料效果则会更好。

注意经常保持盆土湿润和较高的空气湿度。

喜明亮的散射光，忌阳光直射。

光线太强，易造成叶片枯黄甚至死亡。生长适温为13～22℃。冬季要减少浇水，停止施肥。

摆放布置

铁线蕨株形潇洒可爱，适应性强，栽培容易，适合在室内作为小型观叶盆栽摆放。较大盆栽可用以布置背阴房间的窗台、过道或客厅，供人欣赏。叶片还是良好的切叶材料及干花材料。

多年生常绿草本蕨类植物，株高15～40厘米。叶基生，叶柄细长而坚硬如铁丝，柄长5～20厘米，粗约1毫米。叶片卵状三角形，2～3回羽状细裂，小羽片近圆形或扇形，深绿色，有钝圆的粗缺刻。孢子囊群圆形，生于叶背面。

巢蕨

科属：铁角蕨科巢蕨属
别名：鸟巢蕨、台湾山苏花

Neottopteris nidus

巢蕨原产于热带及亚热带地区，我国各地引种栽培，主要附生于海拔100～1 900米雨林中的树干上或岩石之上。喜高温湿润的半阴环境，不耐强光；不耐寒，气温低于0℃时会受冻害；喜高空气湿度，不耐旱。栽培宜选用深厚肥沃、排水顺畅的酸性介质。

繁殖方法

可用分株繁殖。植株生长较大时，往往会出现小型的分枝，可在春末夏初新芽生出前用利刃慢慢地把需要分出的植株部切离，再分别栽植即可。盆栽后置于温度20℃以上的半阴环境，保持较高的空气湿度，以尽快使伤口愈合。但盆土不可太湿，否则容易腐烂。孢子繁殖则在商品化批量生产中应用。

花卉诊治

在高温高湿、通风不良的环境中，叶片易感染炭疽病，发病初期，可用75%的百菌清可湿性粉剂600倍液，或70%的甲基托布津可湿性粉剂1 000倍液均匀喷雾，每10天一次，连续3～4次。虫害主要为线虫危害，可用克线丹或呋喃丹颗粒撒施于盆土表面，杀虫效果较好。

—— 养花之道 ——

春季换盆时，应在盆中添加腐叶土和苔藓，并加少许碎石。

夏季要进行遮阴或放在大树下庇荫处，避免强阳光直射，并保持土壤及空气湿度。

冬季要移入温室，温度保持在16℃以上，使其继续生长，最低温度不能低于5℃。

摆放布置

巢蕨为阴生观叶植物，株形丰满、叶色葱绿光亮，潇洒大方，野味浓郁，悬吊于室内别具热带情调；盆栽的小型植株用于布置客厅、会议室、书房及卧室等。南方园林中还可露地植于树木下或假山岩石上，可增添野趣。

多年生常绿附生草本植物，株高约1米。叶呈放射状，丛生于根状茎周围，形如鸟巢状。叶片呈条状倒披针形，草质，浅绿色，两面光滑，中脉明显突起，叶柄粗短。孢子囊线形，生于叶背面侧脉间。

红豆杉

科属： 红豆杉科红豆杉属
别名： 观音杉、红豆树

Taxus wallichiana var. chinensis

红豆杉为我国特有树种，产于秦岭以南以及西南、华南、华东等地，常生于海拔1 000以上的高山，现我国各地均有栽培。阴性树种，喜冷凉湿润的气候，耐阴；较耐寒，不耐闷热；喜较高空气湿度，怕水涝。喜生于深厚、疏松肥沃、排水良好的酸性土壤，不耐盐碱。

繁殖方法

播种繁殖。播种前须进行沙藏或控温处理，打破休眠方可出芽。出苗后注意遮阴，保持环境湿润，透光度在40%为宜。一般3~5年可上盆作观赏苗培养。扦插繁殖应选择直立性强的组织作插穗，春季以嫩枝为好，秋季以硬枝为好。一般扦插时要做低棚遮阴处理，遮阴率不低于60%，湿度保持在75%~85%则扦插成活率较高。

—— 养花之道 ——

根据植株大小及时移植换盆。

栽培基质宜采用疏松、肥沃、富含腐殖质的微酸性土壤。

生长期可每月喷施一次叶面肥。

夏季不宜摆放在光照强烈的阳台或窗口，但要保持通风环境，并做好喷水降温工作。浇水要做到"不干不浇，浇则浇透"原则。

冬季浇水宜在中午进行。

花卉诊治

高温和干旱季节红豆杉幼树偶尔会发生叶枯病和赤枯病，可喷施1%的波尔多液、甲基托布津1 000倍液防治。

摆放布置

红豆杉树姿优美，树干紫红通直；果期假种皮鲜红夺目，极为诱人，是近些年备受青睐的室内盆栽新秀。可置于庭院、室内、大厅观赏，亦可作盆景观赏，园林中常作建筑物阴面绿化树种。

常绿乔木，高30米，胸径达1米。树皮红褐色，条状开裂。叶螺旋状互生，条形，叶背有2条黄绿色或灰绿色气孔带。雌雄异株；假种皮杯状，红色；种子卵形，生于杯状肉质假种皮中。花苞形成于上一年，翌年5~6月开花，种子9~10月成熟。

异叶南洋杉

科属： 南洋杉科南洋杉属
别名： 小叶南洋杉、诺福克南洋杉

Araucaria heterophylla

异叶南洋杉原产于大洋洲诺福克岛，我国华东南部、华南、西南等地可露地栽培，北方冬季需置于温室越冬。喜温暖湿润气候，喜光；不耐寒，气温低于0℃时会受到冻害。适生于温润、肥沃、排水良好的土壤。

繁殖方法

以播种繁殖和扦插繁殖为主。球果成熟采收后即可沙播。播前要选种和消毒，播后约10天开始发芽。当真叶出现后1个月左右，可进行第1次移苗。扦插繁殖在春季进行较好，由于其顶端优势明显，剪插条时要注意采用向上枝条，采用流水法处理去除树脂，否则，成活率不高。

花卉诊治

病害有炭疽病、叶枯病，可施用甲基托布津1 000倍液或多菌灵1 500倍液防治。若发生介壳虫危害植株，应及时用肥皂水冲洗或喷洒适量的氧化乐果乳油（或敌敌畏）防治。

—— 养花之道 ——

盆栽时基质以园土、腐叶土、泥炭混合配制而成为好。

春季到秋季间，应多浇水，但忌盆内积水。

生长季节应每隔2周追施1次肥料，以含氮、钾的复合肥为宜。

平时要注意保护好侧枝，以免被损害而影响株形。

在正常情况下，不必修剪枝条，让其自然生长。自秋末以后，逐渐减少浇水，以增强其抗寒力。

越冬温度为10～25℃，可给予一定的光照，盆土也不可过干，晴朗天气还应喷水增加湿度。每隔2～3年在春暖后换盆一次。

摆放布置

异叶南洋杉树形优美，叶色蓝灰，枝干金色有光泽，是珍贵的观赏树种。盆栽可置门庭、入口、室内装饰用，亦常制成盆景、桩景观赏。大树宜作园景树、行道树或群植作背景树。

常绿乔木。一般盆栽为幼树，高在2米以下。树冠尖塔形，深绿色；新表皮具古铜色光泽。茎干直立，侧枝轮生，水平伸展。叶有二形：幼树或侧枝上的叶为钻形，向上弯曲；大树或老枝上的叶卵形或三角状卵形，排列紧密。雄球花单生枝顶，圆柱形，球果近圆形。

苏铁

科属：苏铁科苏铁属
别名：铁树、辟火蕉

Cycas revoluta

苏铁原产于亚洲东部及东南部、大洋洲及马达加斯加，我国华东、华南、西南等地也有分布，现长江流域以南各地广泛栽培。喜温暖湿润气候及阳光充足环境，耐半阴；稍耐寒，能耐-5℃的低温。喜肥沃湿润和微酸性的土壤，但也能耐干旱。生长缓慢，10年以上的植株可开花。

繁殖方法

分蘖繁殖可于冬季或早春1~2月进行。用锋利小刀将蘖芽与母株连接的根基处切割下来，切口稍干后，可直接栽入富含腐殖质、排水良好、透气性强的培养土中管理。待生根后可移入盆内正常管理。

花卉诊治

在高温高湿条件下，易发生叶斑病、炭疽病、叶枯病，可用多菌灵50%可湿性粉剂或70%甲基托布津1 000倍防治。虫害主要有曲纹紫灰蝶危害，可用40%氧化乐果乳油1 000倍液或50%敌敌畏1 000倍液，每隔7～10天喷雾1次，连续2～3次可见效。

摆放布置

苏铁造型优美，顶生羽状复叶，是珍贵的观叶树种。幼树可用中小盆栽植，供室内书案、茶几等处陈列。大型植株多用大盆栽植，可置于客厅、门前两侧、楼梯转角等处。园林中常三五株配石构成小景。

—— 养花之道 ——

春夏生长旺盛时，需多浇水，夏季高温期还需早晚叶面喷水，以保持叶片翠绿新鲜。

每月可施腐熟饼肥水1次。入秋后应控制浇水，准备过冬。

华南温暖地区可露地栽于庭中。

长江流域及华北地区多盆栽，当气温低于0℃时，应做好防寒保暖措施。

常绿棕榈状木本植物，地栽株高可达8米，盆栽2~3米。茎粗壮，圆柱形。叶羽状，长达0.5~2.4米，厚革质而坚硬，羽片条形，边缘显著反卷，先端具刺状尖头。雌雄异株，雄球花长圆柱形，有短梗；雌球花扁球形，紧贴茎顶。花期6~7月，种子10月成熟。

美洲苏铁

科属：泽米铁科泽米铁属
别名：美叶凤尾蕉、阔叶苏铁

Zamia furfuracea

美洲苏铁原产于墨西哥的东部海岸，现世界各地广泛栽培，我国广东、广西、海南等地有引种。喜阳，宜温暖湿润和通风良好的环境，耐寒耐旱力强，适生于排水良好的钙质土壤。不耐低温，冬季气温在5℃以上可安全越冬。

繁殖方法

播种繁殖，经过人工辅助授粉方可获得成熟种子。播种采用点播法，上盖3~5厘米厚的疏松壤土，在30℃左右的较高温度下才易发芽。

分株繁殖，宜于早春或秋季进行，将吸芽小心地从茎盘处切下，并用草木灰等抹伤口；待切口稍干后插于干净河沙中，让其长好根系后上盆种植。

花卉诊治

黑斑病或叶枯病，可用70%甲基托布津1 000倍液或多菌灵800倍液防治，连续用3次可见效。介壳虫害可用40%氧化乐果乳油1 000倍液或50%敌敌畏1 000倍液，每隔7~10天喷雾1次，连续2~3次可见效。

摆放布置

美洲苏铁株形优美，叶片排列有序，常年青翠，耐阴能力强，为名贵观叶植物。适合装饰厅堂入口、阳台、客厅等处。

—— 养花之道 ——

盆栽时常用2份泥炭土、1份园土和1份河沙混合作为基质。

盆底多垫瓦片及粗颗粒基质，以利排水，否则肉质根系容易腐烂。

在其生长旺盛期，应保持土壤和叶面的湿度，以保持叶片光泽；秋后宜控制水分，保持土壤湿润即可。

生长季一般每月施液肥或复合肥1~2次，以保证抽长新叶及叶片翠绿。

冬季温度降到5℃以下叶片易受冻泛黄且生长停顿，须置于较温暖处栽培养护。

　常绿木本植物，干高30～60厘米，罕有分枝。地下为肉质粗壮的须根系。大型偶数羽状复叶生于茎干顶端，长60～120厘米，硬革质。羽状小叶7～12对，叶背可见平行脉级40条。雌雄异株，雄花序松球状，雌花序似掌状。花期6个月，果期7月至翌年5月。

蜘蛛抱蛋

科属：百合科蜘蛛抱蛋属

别名：一叶兰、苞米兰、飞天蜈蚣

Aspidistra elatior

蜘蛛抱蛋原产于我国南方各省，现我国南北方均有栽培。喜温暖湿润的半阴环境；稍耐寒，气温低于0℃时会受冻；耐水湿，抗性强，对土壤要求不严。

繁殖方法

主要用分株繁殖。可在春季气温回升，新芽尚未萌发之前，结合换盆进行分株。将地下根茎连同叶片分切为数丛，使每丛带3~5片叶，然后分别上盆种植。

花卉诊治

叶斑病在自然分布区和引种区常有发生，主要危害叶片，降低观赏价值。受害叶面初生水渍状小型坏死斑，后逐渐扩展为直径2~3毫米的褐色病斑，周围有黄色晕圈。可用75%百菌清可湿性粉剂500倍液防治。

—— 养花之道 ——

盆栽时可用腐叶土、泥炭土和园土等量混合作为基质。

生长季要充分浇水，保持盆土湿润，并经常向叶面喷水增湿，以利萌芽抽长新叶。

北方栽培需要定期施用硫酸亚铁防叶片黄化，生长不良。

无论在室内或室外，都不能放在直射阳光下；短时间的阳光暴晒也可能造成叶片灼伤，降低观赏价值。

摆放布置

蜘蛛抱蛋叶形挺拔整齐，叶色浓绿光亮，姿态优美、淡雅而有风度。此外，它长势强健，适应性强，极耐阴，是绿化装饰室内的优良观叶植物。盆栽适于客厅、书房及办公室布置摆放，亦可与其他观花植物配合布置作背景。另外，它还是现代插花极佳的配叶材料。

多年生常绿草本。具根状茎，叶单生，矩圆形披针形、披针形至近椭圆形，先端渐尖，基部楔形。花单生，花被钟状，紧附地面，褐紫色，花期4～5月。常见栽培的有白纹蜘蛛抱蛋，洒金蜘蛛抱蛋等。

蓬莱松

科属：百合科天门冬属

别名：松叶天门冬、绣球松

Asparagus myriocladus

蓬莱松原产于南非，我国引种栽培。喜温暖湿润、阳光充足的环境，喜光亦耐半阴；不耐寒，较耐旱。适应性强，病虫害少。生长适温为15～30℃，越冬温度需高于0℃。对土壤要求不苛刻，在排水良好、疏松肥沃的沙质壤土中生长较好。

繁殖方法

蓬莱松多用分株繁殖。可于春夏季结合换盆时进行，将生长茂密的老株从盆中脱出，把地下块根分切数丛，也可用播种繁殖，但其生长较慢。

花卉诊治

蓬莱松病虫害较少，但炎热干燥时可能发生红蜘蛛、介壳虫危害，必须注意喷药防治，前者可施用三氯杀螨醇1 000倍液防治，后者可施用介杀死1 000倍液防治。

—— 养花之道 ——

蓬莱松上盆栽种以3月份萌芽之前最好，秋季也可栽植，但不利发根。

挖取树苗时要带宿土，可剪短伸展过长的直根，剪除枯根。

为保持株形，需经常修剪。

摆放布置

蓬莱松枝叶青翠、株形美观，且耐阴性好，栽培管理简单，适于作中小盆栽观赏。常用于室内案头、书桌、窗台布置。在温暖地区也可露地布置花坛、花径。此外，蓬莱松也是插花衬叶的常见材料。

多年生常绿草本植物。茎直立，高30～60厘米。具小块根，多分枝，丛生。叶鳞片状或刺状，新叶鲜绿色。花淡红色，浆果黑色。花期7～8月。

文竹

科属：百合科天门冬属
别名：云片竹、山草

Asparagus setaceus

文竹原产于南非，我国栽培广泛。其性喜温暖湿润和半阴环境，不耐严寒，不耐干旱，忌阳光直射。适生于排水良好、富含腐殖质的沙质壤土。生长适温为15~25℃，越冬温度为5℃。

繁殖方法

可用播种和分株繁殖。浆果经沙藏后于翌年播种，一般3~5年生的植株生长较茂密，可进行分株繁殖。分株一般在春季进行。

花卉诊治

病虫害较少，但容易出现叶片变黄的状况，应适当注意盆栽的水肥管理。虫害危害较为严重的有红蜘蛛，表现性状为叶片枝叶被白色丝网缠绕包裹，叶片枝叶干枯发黄。红蜘蛛个体微小，繁殖快速，一旦发现，应及时人工或者化学除虫，并且修剪受害严重的枝叶。

—— 养花之道 ——

文竹管理的关键是浇水。浇水过勤过多，枝叶容易发黄，植株生长不良，易烂根。

浇水量应根据植株生长情况和季节来调节。冬、春、秋三季，浇水要适当控制。

文竹的施肥，宜薄肥勤施，忌用浓肥。生长季节一般每15~20天施腐熟的有机液肥一次。

文竹喜微酸性土。所以可结合施肥，适当施一些矾肥水，以改善土壤酸碱度。

摆放布置

文竹株形清秀挺拔、枝叶碧绿婆娑，可作小型观叶盆栽、盆景，置于案头、书桌、阳台等处玩赏；文竹的枝叶亦是重要切叶材料。

多年生草本植物，株高可达数米。茎光滑柔细，呈攀缘状，分枝极多。叶纤细，水平开展，叶小，真叶退化为鳞片或刺。花小，两性，白色。浆果球形，紫黑色。花期6～7月。

吊兰

科属：百合科吊兰属

别名：挂兰、垂盆草、钩兰

Chlorophytum comosum

　　吊兰原产于南非，现世界各地广泛栽培。我国常见盆栽观赏，华南地区可露地栽培。吊兰喜温暖湿润的半阴环境。适应性强，较耐旱，但不耐寒，对光线的要求不严，一般适宜在中等光线条件下生长，亦耐弱光。生长适温为15～30℃，越冬温度为0℃。对土壤要求不苛刻，一般在排水良好、疏松肥沃的沙质壤土中生长较好。

繁殖方法

　　可采用扦插、分株、播种等方法进行繁殖。扦插和分株繁殖，从春季到秋季可随时进行。吊兰适应性强，成活率高，一般很容易繁殖。

花卉诊治

　　吊兰病虫害较少，主要有生理性病害，叶前端发黄，应加强肥水管理。可能会发生根腐病，可用多菌灵可湿性粉剂500～800倍液浇灌根部，每周1次，连用2～3次即可。

—— 养花之道 ——

　　若肥水不足，容易焦头衰老，叶片发黄，失去观赏价值。

　　从春末到秋初，可每7～10天施一次有机肥液，但对金边、金心等花叶品种，应少施氮肥，以免花叶颜色变淡甚至消失，影响美观。

摆放布置

　　吊兰可在室内栽植供观赏、装饰用，也可以悬吊于窗前、墙上。吊兰常常被人们悬挂在空中，被称为"空中仙子"。

多年生常绿草本植物。根状茎短，具簇生的圆柱形肉质须根。叶片基生，条形至长披针形，全缘或略具波状。叶丛中抽生出走茎，花后形成匍匐茎。总状花序，花小，白色，簇生于顶端。花期春季、夏季。同属常见栽培的品种有金心吊兰（*Chlorophytum capense* var. *medio-pictum*）等。

白纹草

科属：百合科吊兰属

别名：银边草、银边小花吊兰

Chlorophytum bichetii

　　白纹草为小花吊兰（*Chlorophytum laxum*）的园艺品种，是我国常见盆栽观赏。喜温暖湿润的半阴环境，不耐寒，较耐旱。喜疏松肥沃、排水顺畅的土壤。

繁殖方法

可采用扦插、分株、播种等方法进行繁殖。商业生产常用扦插和分株繁殖，从春季到秋季可随时进行。适应性强，成活率高，一般很容易繁殖。

花卉诊治

主要有生理性病害，叶前端发黄，应加强松土、施肥、喷水保湿的工作。亦容易发生根腐病，可用多菌灵可湿性粉剂500～800倍液浇灌根部，每周1次，连用2～3次即可。

—— 养花之道 ——

春季和夏季生长期适当浇水，保持土壤湿润；夏季适当遮阴，忌烈日暴晒。

秋冬季经常向叶面喷水，保持湿度。

较喜肥，从春末到秋初，可每7～10天施1次有机肥液，应少施氮肥，以免花叶颜色变淡甚至消失，影响美观。

冬季华南地区可露地栽培，其他地区应移入室内栽培。

摆放布置

白纹草株形清新雅致，四季常绿，可在室内栽植装饰书桌、案头、茶几等处，也可以悬吊于窗前、墙上。

多年生常绿草本植物。叶近两列着生，禾叶状，常弧曲，叶缘有银白色条纹。花葶从叶腋抽出，常2～不，直立或弯曲，纤细，有时分叉，长短变化较大。花单生或成对着生，绿白色，很小。蒴果三棱状扁球形，花果期为10月至次年4月。

65

不夜城芦荟

科属：百合科芦荟属

别名：高尚芦荟

Aloe nobilis

　　不夜城芦荟原产于非洲，我国栽培普遍。喜温暖干燥、阳光充足环境，耐半阴；不耐寒，低于0℃即受冻害；耐干旱，忌水涝；喜疏松、排水顺畅的沙质土壤。

多年生肉质草本植物。植株单生或丛生，高30～50厘米。肉质叶拔针形，轮状互生，叶缘有淡黄色锯齿状肉刺。松散的总状花序从叶丛上部抽出，小花筒形，橙红色，冬末至早春开放。

繁殖方法

以分株繁殖为主。可结合换盆进行分株，方法是将植株基部萌发的幼苗取下，另行栽种。栽后保持盆土稍湿润，有根、无根都能成活。

花卉诊治

病虫害较少，炭疽病和叶枯病偶有发生。治疗可用50%多菌灵可湿性粉剂1 000倍液、75%百菌清可湿性粉剂800倍液或70%甲基托布津可湿性粉剂800倍液喷洒。

—— 养花之道 ——

盆栽宜用疏松、肥沃、排水及透气性良好的沙质土。

生长期适当补水，见干见湿，宁可少给水，不可水过量，避免盆土积水导致烂根。秋冬季适当植株喷水即可，适当扣水。不夜城芦荟根系发达，所以每年需要换一次盆。

换盆时，需修剪过长、过老的根系，以利于植株的苗壮生长。

摆放布置

不夜城芦荟株形优美紧凑，叶色碧绿宜人，是观赏芦荟中的佳品。适宜作中、小型盆栽，点缀窗台、几架、桌案等处，清新雅致，别有情趣。

条纹十二卷

料属：白合科十二卷属
别名：蛇尾兰

Haworthia fasciata

条纹十二卷原生地位于非洲南部热带干旱地区，我国栽培普遍。喜温暖干燥和阳光充足环境，不耐寒，生长适温为16～20℃，低于0℃会受冻害；耐干旱，忌水涝、潮湿。喜疏松、排水顺畅的沙质壤土。

多年生肉质草本。叶片紧密轮生在茎轴上，呈莲座状；叶三角状披针形，先端锐尖；叶表光滑，深绿色；叶背绿色，具较大的白色瘤状突起，排列成横条纹，与叶面的深绿色形成鲜明的对比，具较强观赏价值。花葶长，总状花序，小花绿白色。

繁殖方法

常用分株和扦插繁殖。分株可结合换盆进行，将植株基部萌发的幼苗取下，另行栽种即可。扦插采用叶插法，剪取叶片，斜插于基质上，保持湿润即可生根。

花卉诊治

偶有根腐病和褐斑病危害，可用65%代森锌可湿性粉剂1 500倍液或70%甲基托布津可湿性粉剂800倍液喷洒。

—— 养花之道 ——

盆栽以浅栽为好。

生长期保持盆土湿润，每月施肥1次。

冬季和盛夏半休眠期，宜干燥，严格控制浇水。条纹十二卷不耐高温，夏季应适当遮阴，但若光线过弱，叶片退化缩小。

冬季需充足阳光，但若光线过强，休眠的叶片会变红。冬天盆土过湿，易引起根部腐烂或叶片萎缩。如发生可从盆里托出，剪除掉腐烂部分，稍晾干后，重新扦插入沙床，生根后进行盆栽，或沙栽一段时间成活后，开始生长时换盆。

摆放布置

条纹十二卷是常见的小型多浆植物，肥厚的叶片相嵌着带状白色星点，清新高雅。可配以造型美观的盆钵，装饰桌案、几架、窗台。

巴西铁

科属：百合科龙血树属
别名：香龙血树

Dracaena fragrans

巴西铁自17世纪40年代从热带非洲传入欧洲，现在主要栽培在英国、法国植物园的温室内。性喜光照充足、高温、高湿的环境，亦耐阴、耐干燥，在明亮的散射光和北方居室较干燥的环境中，也生长良好。

繁殖方法

常用扦插法进行繁殖。5~6月选用成熟健壮的茎干，剪成5~10厘米一段，以直立或平卧的方式扦插在以粗沙或蛭石为介质的插床上，保持25~30℃室温和80%的空气湿度，30~40天可生根。

—— 养花之道 ——

巴西铁适宜于疏松、排水良好、含腐殖质丰富的肥沃河沙壤土。

冬季停止施肥，并移入室内越冬。

对斑纹品种，施肥要注意降低氮肥比例，以免引起叶片徒长，并导致斑纹暗淡甚至消失。

花卉诊治

巴西铁有时会出现叶片焦边、叶尖枯焦等现象，这多为干旱、温度过低、浇水不当、施肥不当等引起的生理性病害，可通过改善栽培管理，控制温度和湿度，合理施肥，适当通风等方法防治。此外，虫害主要有介壳虫，家庭栽培可用毛刷刷去，亦可用氧化乐果乳油1 000倍液体防治。

摆放布置

巴西铁树干粗壮，叶片剑形，碧绿油光，生机盎然，被誉为观叶植物的新星，是颇为流行的室内大型盆栽花木。尤其适于较宽阔的客厅、书房、起居室内摆放，格调高雅质朴，并带有南国情调。

常绿乔木，株形整齐，茎干挺拔，叶簇生于茎顶，长40～90厘米，宽6～10厘米，尖稍钝，弯曲成弓形，有亮黄色或乳白色的条纹。叶缘鲜绿色，且具波浪状起伏，有光泽。花小，黄绿色，芳香。常见的品种有金心、金边等。

发财树

科属：木棉科瓜栗属
别名：瓜栗、马拉巴栗、大果木棉

Pachira aquatica

发财树原产于中美洲，我国南北方地区栽培广泛，广东、海南、广西及福建可露地栽培。喜高温湿润及阳光充足的环境，耐半阴；不耐寒，气温低于5℃会受寒害；较耐旱。在疏松肥沃、排水性好的土壤中生长最好。

繁殖方法

一般采用扦插或播种繁殖。适时扦插于6月下旬至8月上旬进行，应在早晚随剪随插。播种四季皆可，春天最佳。

花卉诊治

发财树根腐病危害较为严重，栽培时需保持盆土干爽透气。此外，可以喷施土菌灵、雷多米尔或疫霜灵等，每10～15天喷1次。盆栽叶尖常焦枯，多是空气湿度太低，可叶面喷水保湿。

—— 养花之道 ——

发财树喜光，室内盆栽宜摆放阳光充足处，不能长时间荫蔽。

生长期（5～9月），每间隔15天，可施用一次液肥复合肥料，以促进根深叶茂。

莳养时应注意保持15℃以上的温度，并经常给枝叶喷水保持湿度。

冬季忌冷湿，应保持15～25℃的温度，并注意控水。

摆放布置

发财树枝叶常青，株形美观，枝叶具吸收二氧化碳，减少室内辐射的功能，是名副其实的家庭健康花木。可摆放在书房、客厅、大堂等处观赏。

常绿乔木。树高可达10米。掌状复叶互生，小叶长椭圆形、全缘，叶前端尖，羽状脉，小叶柄短。花单生于叶腋，有小苞片2～3枚，花朵淡黄白色。花期4～5月，9～10月果熟。

金琥

科属：仙人掌科金琥属

别名：象牙球金琥、黄刺金琥

Echinocactus grusonii

金琥原产于墨西哥沙漠地区，分布于火热干燥的热带沙漠中。喜温暖干燥与阳光充足的环境，不耐低温，若冬季温度过低，球体上会出现难看的黄斑；忌积水。喜疏松肥沃并含石灰质的沙质壤土。

繁殖方法

金琥采用播种繁殖和仔球嫁接法繁殖。仔球嫁接是将培育3个月以上的实生苗嫁接到柔嫩的量天尺上催长。待接穗长到一定大小或砧木支撑不了时，可切下，晾干伤口后进行扦插盆栽。

——养花之道——

养护管理粗放，主要做好水肥管理即可。春季和初夏可适当浇水，并追施少量腐熟稀薄液肥和复合肥化肥；盛夏气温达38℃以上时，植株进入夏季休眠期，此时需控制浇水，停止施肥，待秋凉后方可恢复正常水肥管理；冬季需严格控制浇水，保持盆土不过分干燥即可。

花卉诊治

夏季由于湿、热、通风不良等因素，易受红蜘蛛、介壳虫、粉虱等病虫危害，应加强防治。对红蜘蛛用40%氧化乐果乳油或90%美曲膦酯1 000~1 500倍液喷雾防治。

摆放布置

金琥寿命很长，栽培容易，成年大金琥花繁球壮、金碧辉煌，观赏价值很高，且体积小，占据空间少，是城市家庭绿化十分理想的观赏植物。可盆栽置于案头、书桌、窗台观赏。

多年生有刺肉质植物。茎深绿色，圆球形。有棱，并密生金黄色扁平的硬刺及黄色冠毛。花黄色，自茎顶开出。花期6～10月。果被鳞片及绵毛，种子黑色光滑。常见栽培的品种有狂刺金琥、白刺金琥及裸琥等。

仙人掌

科属：仙人掌科仙人掌属

别名：仙巴掌、牛舌头

Opuntia stricta var. dillenii

仙人掌原产于墨西哥、美国、西印度群岛、百慕大群岛及南美洲。在我国南方地区已逸为野生。喜温暖干燥、阳光充足的环境，稍耐阴，不耐水湿与排水不畅，耐干旱贫瘠。

繁殖方法

多采用变态茎的扦插繁殖，成活率极高。

花卉诊治

有红蜘蛛和介壳虫危害，红蜘蛛常用40%的氧化乐果乳油1 000～1 500倍液、40%的三氯杀螨醇1 000倍液等喷洒。在高温干燥季节每隔7～10天喷洒杀虫1次，越冬前要彻底喷洒杀虫。介壳虫用50%马拉硫磷1 000倍液、25%亚胺硫磷乳油800倍液、40%氧化乐果乳油和80%敌敌畏乳油混合后加水1 000倍喷洒。

—— 养花之道 ——

盆栽用土，要求排水透气良好、含石灰质的沙土或沙质壤土。

栽植过程中要控制浇水数量，否则容易造成植株烂根甚至整株腐烂。

家庭栽培养护管理粗放。

摆放布置

仙人掌肉质多浆，茎大而肥厚，茎叶可食用。花大而靓丽，具有很高的观赏价值，且养护管理粗放，是名副其实的食用观赏皆宜的"懒人花卉"。适宜盆栽或大片种植，具有防辐射、抗紫外线等功能。

丛生肉质灌木，上部分枝宽倒卵形，倒卵状椭圆形或近圆形，先端圆形，边缘通常不规则波状，基部楔形或渐狭，绿色至蓝绿色，小窠疏生，具刺1～20个。叶钻形，绿色，早落。花辐射，黄色。浆果，熟时紫红色，种子多数。花期6～12月。

粉苞酸脚杆

科属：野牡丹科酸脚杆属
别名：宝莲灯、珍珠宝莲

Medinilla magnifica

粉苞酸脚杆原产于热带非洲和东南亚热带雨林，现我国引进栽培。喜高温高湿的半阴环境，忌烈日直射；温度低于5℃即受寒害；不耐干旱与土壤贫瘠；喜深厚肥沃的酸性土壤。

繁殖方法

通常以扦插法繁殖，可结合换盆和整形进行。将1~2年生嫩枝条剪切下来，去掉下部叶片，基部适当浸泡生根剂，扦插于基质中，保持80%左右的空气湿润，约20~30天可生根。

花卉诊治

常见的病害有叶斑病、炭疽病等，在夏季高温多雨期注意通风，并适当施用甲基托布津1 000倍液或多菌灵1 500倍液，可有效防治。

—— 养花之道 ——

花芽长出后，应增加浇水量，提高温度，保证盆土湿润。

开花时温度应略低于生长期温度，同时降低空气湿度，停止施肥，保证水分供应。

粉苞酸脚杆只有经过休眠才能开花，否则只进行营养生长，可以根据植株的生长规律进行促成栽培，使其在春节前开花，以供应圣诞及春节用花。

摆放布置

本种叶色常绿，植株饱满，苞片艳丽，适宜盆栽种植，具有较高的观赏价值，是近年来备受推崇的大型观叶、观花植物。可盆栽置于大堂、客厅、宾馆入口观赏，热带地区可露地置于庭院角隅观赏。

常绿小灌木，株高30～60厘米。茎四棱，分枝扁平。单叶对生，叶片卵形至椭圆形，全缘无柄。穗状花序下垂，花外苞片为粉红色，花冠钟形。浆果球形。花期4～5月。

垂叶榕

科属：桑科榕属

别名：垂榕、垂枝榕、柳叶榕

Ficus benjamina

垂叶榕原产于印度，我国南部及南亚、东南亚各国有分布。生于土壤湿润的杂木林中。喜温暖湿润气候及阳光充足环境，耐半阴；不耐寒，气温低于5℃即会受寒害；耐水湿。对土壤要求不严，适应性强。

繁殖方法

用扦插法繁殖。扦插宜于春末夏初温度较高时进行，垂叶榕生根容易，可剪取10～15厘米长的枝条作插穗，亦可剪取粗的大枝直接扦插。

花卉诊治

病害主要有炭疽病，可施用40%百菌清可湿性粉剂1 000倍液或多菌灵可湿性粉剂1 000～1 500倍液。虫害主要有榕母管蓟马危害，可施用氧化乐果乳油1 000倍液或辛硫磷1 000～1 500倍液防治。

—— 养花之道 ——

栽培宜选用深厚肥沃的沙质壤土，生长旺盛期应经常浇水，保持湿润状态，并经常向叶面和周围空间喷水，以促进植株生长，提高叶片光泽。

垂叶榕嗜肥，生长期适当施肥，可促枝繁叶茂。

冬季盆土过湿容易烂根，须控水控肥。

摆放布置

垂叶榕生长强健，枝叶茂密，生长势强，常嫁接成各种造型盆栽，布置于宾馆大堂、大厅、客厅、书房等处观赏。华南地区可露地种植于公园、草坪、道路两侧，亦常修剪成各种造型。

常绿大乔木，高7~30米，枝条下垂。叶互生，薄革质，卵形至狭卵形或椭圆形，顶端渐尖，微弯，有光泽，全缘。花序托无梗，单生或叶腋对生，雄花、瘿花和雌花同生。隐头果球形，成熟时淡黄色或黄色。花果期8~11月。

橡皮树

科属：桑科榕属

别名：印度榕

Ficus elastica

橡皮树原产于印度、马来西亚。喜温暖湿润、阳光充足的环境，耐半阴，不耐寒，气温低于5℃即会受寒害；较耐旱。对土壤要求不严，在深厚肥沃、富含腐殖质的壤土中生长最佳。

繁殖方法

用扦插法繁殖。扦插宜于春末夏初温度较高时进行，本种生根容易，可剪取10～15厘米长的枝条作插穗，亦可剪取粗的大枝直接扦插，15～20天即可生根。

花卉诊治

本种抗逆性强，病虫害少，偶有炭疽病，可施用40%百菌清可湿性粉剂1 000倍液或多菌灵可湿性粉剂1 000～1 500倍液。

—— 养花之道 ——

栽培宜选用深厚肥沃的沙质壤土，生长旺盛期应经常浇水，保持湿润状态，并经常向叶面和周围空间喷水，以促进植株生长，提高叶片光泽。

性喜肥，生长期适当施肥，可促枝繁叶茂。

冬季盆土过湿容易烂根，须控水控肥。

摆放布置

橡皮树品种众多，叶色光亮，富有热带气息，是常见的室内观叶植物。常盆栽置于客厅、阳台、大厅入口等处观赏。

常绿大乔木，高达30米。树冠开展，树皮有乳汁。叶厚革质，有光泽，长椭圆形或矩圆形，先端渐尖，边全缘。托叶单生，淡红色。花单生，雌雄同株。常见栽培的品种有"红关公""黑金刚"等。

人参榕

科属：桑科人参榕属

别名：地瓜榕

Ficus microcarpa 'Ginseng'

　　人参榕由细叶榕（*Ficus microcarpa*）的实生苗培育而成的园艺品种。性喜温暖湿润和阳光充足的环境，耐半阴；不耐寒，气温低于5℃即会受寒害；稍耐旱；对土壤要求不严。

繁殖方法

种子繁殖方能培养出肥大的茎干。

花卉诊治

其叶片往往易感染叶斑病,可用70%的甲基托布津可湿性粉剂800倍液喷洒,少量病叶也可及早摘除销毁,以防其蔓延为害。

—— 养花之道 ——

栽培土壤要求为疏松肥沃、排水良好、富含有机质,呈酸性反应的河沙或沙土碱性土易导致其叶片黄化。

生长期适当浇水,需见干见湿,同时给予充足的光照,否则易落叶。为让根部肥大,需施入高比例的磷钾肥。

夏季要防止阳光暴晒,春秋季节可放置于阳光充足处。冬季需要防冻。

每年春秋季节可对植株细弱枝、病虫枝进行修剪,增加分枝生长。

摆放布置

人参榕根茎部形似人参,形态自然、根盘显露、风韵独特,深受人们的喜欢。常作桩景盆栽观赏,可置于案头、窗台、阳台等处。

膨大的块根实际上是其种子发芽时的胚根和下胚轴发生变异突变而形成的。

常绿灌木或小乔木。叶互生,全缘,革质,卵圆形。其根如人参,其基部

爬山虎

科属：葡萄科地锦属
别名：地锦、爬墙虎

Parthenocissus tricuspidata

爬山虎原产于我国东北、华北、华东及台湾等地，多生于石壁或灌丛中。朝鲜及日本也有分布。喜温和湿润的环境，喜光，但耐半阴；极耐寒，能耐-25℃的低温；耐干旱与土壤贫瘠。

繁殖方法

爬山虎通常用扦插繁殖，成活率达95%。扦插，从落叶后至萌芽前均可进行。压条可于春季进行，将老株枝条弯曲埋入土中生根。

花卉诊治

通风不畅处常有叶斑病发生，可用50%甲基托布津1 000倍液，70%代森锰500倍液喷施。虫害主要有红蜘蛛、葡萄天蛾等，可施用40%氧化乐果乳油1 000～1 500倍液体或杀螟松1 000倍液防治。

—— 养花之道 ——

爬山虎栽培简单，管理比较粗放。可种植在阴面和阳面，寒冷地区多种植在向阳地带。

幼苗生长1年后即可粗放管理，在北方冬季能忍耐-20℃的低温，不需要防寒保护。

移植或定植在落叶期进行，定植前施入有机肥料作为基肥，并剪去过长茎蔓，浇足水，容易成活。

摆放布置

爬山虎攀缘性强，覆盖效果好，是优秀的垂直绿化树种，非常适宜屋顶绿化。常见栽培于庭院墙垣、立柱等处，任其爬满，颇具自然野趣。

　木质落叶藤本，具卷须，顶端嫩时膨大呈圆珠状，遇附着物扩大成吸盘。叶为单叶，通常着生在短枝上为3浅裂，偶有着生在长枝上的叶不裂，常倒卵圆形，顶端裂片急尖，基部心形，边缘具锯齿。花序为多歧聚伞花序，花瓣5。果实球形。花期5～8月，果期9～10月。

西瓜皮椒草

科属：胡椒科草胡椒属

别名：西瓜皮豆瓣绿

Peperomia sandersii

　　西瓜皮椒草原产于南美洲和热带地区，我国南北方地区均有栽培。喜温暖湿润的半阴环境，耐半阴，忌烈日直射；不耐寒，气温低于5℃会受寒害；喜深厚肥沃、富含腐殖质的酸性土壤。

多年常绿草木，株高15~20厘米。茎短丛生，具暗红色的叶柄。叶密集，肉质，盾形或宽卵形，叶面绿色，叶背为红色。叶脉绿色，叶面具银白色的规则色带，似西瓜皮。穗状花序，花小，白色。

繁殖方法

可用分株、叶插等方式繁殖。可于春秋两季进行，挑选母株根基处发有新芽的植株，结合翻盆换土取出植株，抖去附着的土，用利刀根据新芽的位置，切取新芽盆栽。

花卉诊治

病虫害较少，病害以叶斑病常见，可喷施多菌灵、敌力脱等防治。虫害红蜘蛛、介壳虫多见，喷施专杀药剂即可，如三氯杀螨醇、尼索朗防治红蜘蛛；杀扑磷、毒死蜱防治介壳虫。应注意栽培场所、盆罐和用土的消毒。根茎腐烂病和栓痂病危害，喷波尔多液可控制病害蔓延。

—— 养花之道 ——

盆栽宜选用以腐叶土为主的培养土，可用腐叶土、园土、河沙等量混合。

平时要摆放在半阴处培养，喜充足的散射光，切忌强光直射；生长期叶面喷水，空气湿度过低，叶缘会焦枯。

不宜多施氮肥，易引起叶面斑纹消失，降低观赏价值。

摆放布置

西瓜皮椒草叶片肥厚，光亮碧翠，四季常青，是常见的小型奇趣观叶植物。适合盆栽和吊篮栽植，常作室内装饰观赏。

皱叶椒草

科属：胡椒科草胡椒属

别名：皱叶豆瓣绿、四棱椒草

Peperomia caperata

皱叶椒草原产于热带非洲和东南亚热带雨林，现我国引进栽培。喜高温高湿的半阴环境，忌烈日直射；温度低于5℃即受寒害；不耐干旱与土壤贫瘠；喜深厚肥沃的酸性土壤。

繁殖方法

可用扦插、分株进行繁殖培育，生产上以叶插繁殖为主。叶插多于5～6月进行，适当用生根基浸泡叶柄，斜插于疏松肥沃、保水性好的栽培介质，保持70%～90%的湿度，则生根容易，成功率很高。

花卉诊治

病害以叶斑病常见，可喷施多菌灵、敌力脱等防治。虫害主要有红蜘蛛、介壳虫，喷施专杀药剂即可，如三氯杀螨醇、尼索朗防治红蜘蛛。

—— 养花之道 ——

生长期适当浇水，保持土壤与空气湿润，冬季适当控水，否则易烂根。

日常养护需置于光线充足的散射光环境，切忌强光直射；且不宜多施氮肥，适当使用复合肥有利植株苗壮。

摆放布置

皱叶椒草叶片肥厚，四季常青，养护管理简单，是常见的小型观叶盆栽植物。适合放置于书桌、案头、窗台等处观赏。

常绿小灌木，株高30~60厘米。茎四棱，分枝扁平。单叶对生，叶片卵形至椭圆形，全缘无柄。穗状花序下垂，花外苞片为粉红色，花冠钟形，浆果球形，花期4~5月。

朱蕉

科属：龙舌兰科朱蕉属

别名：红铁树、红叶铁树、朱竹

Cordyline fruticosa

朱蕉分布于我国南方热带地区，已广泛庭院栽培。喜温暖湿润与阳光充足的环境，较耐阴；不耐寒，气温低于5℃即会受寒害；不耐旱。栽培需富含腐殖质和排水良好的酸性土壤，忌碱性土壤，植于碱性土壤中叶片易黄，新叶失色。

繁殖方法

可用扦插、压条繁殖。扦插法可切取成熟枝条5~10厘米，把叶子剪掉，横埋在纯净的河沙中；家庭养花可于5~6月间用广口瓶进行水插，约3周就能生根。压条可在5~6月进行，常用高空压条。选取健壮主茎，离顶端20厘米处，行环状剥皮，宽1厘米，将湿润苔藓盖上，并用塑料薄膜包扎，室温保持20℃以上，约40天后发根。

花卉诊治

病害主要有炭疽病和叶斑病危害，可用炭特灵1 000倍液喷洒。偶有介壳虫危害叶片时，用40%氧化乐果乳油1 000倍液喷杀。

—— 养花之道 ——

生长期盆土必须保持湿润。缺水易引起落叶，盆内积水同样引起落叶或叶尖黄化现象。茎叶生长期经常喷水，以空气湿度50%~60%较为宜。

夏季防烈日暴晒，需适当遮阴。

摆放布置

朱蕉株形美观，色彩华丽高雅，盆栽适用于室内装饰。可点缀客室和窗台，优雅别致；亦可成片摆放会场、公共场所、厅室出入处，端庄整齐，清新悦目。

　　常绿灌木，高可达3米。茎通常不分枝。叶在茎顶呈2列状旋转聚生，绿色或带紫红色，披针状椭圆形至长矩圆形，长30～50厘米，宽5～10厘米，中脉明显。圆锥花序生于上部叶腋，长30～60厘米，多分枝。

富贵竹

科属：龙舌兰科龙血树属
别名：万寿竹、距花万寿竹

Dracaena sanderiana

富贵竹原产于非洲西部，我国现广泛栽培。性喜高温湿润的半阴环境，耐阴、耐涝、耐肥力强。适宜生长于深厚肥沃且排水良好的沙质壤土。

繁殖方法

繁殖主要以扦插为主。富贵竹长势旺盛，萌发力强，只要气温适宜整年都可进行繁殖。一般剪取不带叶的茎段作插穗，长5～10厘米，最好有3个节间，插于沙床中或半泥沙土中。在南方春秋两季一般25～30天可萌生根发芽，35天可上盆定植。

花卉诊治

炭疽病是富贵竹最易患的病害，发生较为普遍，可在3月中旬提前喷一次50%复方多菌灵500倍液或甲基托布津1 000倍液，预防效果较好。家庭栽培虫害极少见。

—— 养花之道 ——

喷施施宝等植物生长素，以促进生长平衡，叶茂茎粗，提高抗逆力。

摆放布置

富贵竹粗生粗长，茎秆挺拔，叶色浓绿，冬夏常青，不论盆栽还是剪取茎干瓶插或加工"开运竹""弯竹"，均显得疏挺高洁，茎叶纤秀，柔美优雅，姿态潇洒，富有竹韵，观赏价值特高。

　多年生常绿小乔木观叶植物。株高1米以上，植株细长，直立上部有分枝。根状茎横走，结节状。叶互生或近对生，纸质，叶长披针形，有明显3～7条主脉，具短柄，浓绿色。伞形花序有花3～10朵生于叶腋或与上部叶对花，花被6，花冠钟状，紫色。浆果近球形，黑色。

山海带

科属：龙舌兰科龙血树属
别名：海南龙血树

Dracaena cambodiana

山海带原产于我国海南，生于林中或干燥的沙壤土上，越南、柬埔寨也有分布。喜光，喜高温高湿气候；不耐寒冷，气温低于5℃即受寒害；极耐干旱。栽培需深厚肥沃及排水良好的酸性土壤。

繁殖方法

可用扦插、压条、播种繁殖。扦插可在早春用成熟粗枝枝干，去除叶片，剪成5~10厘米的段，平放在加底温的温床内，温度保持25~30℃，湿度70%~80%，约1个月可生根；夏季可在室外扦插，需搭荫棚遮光。用播种繁殖法时，可在较大的老龄植株上采种，于春季播下。

花卉诊治

病虫害极少，偶有叶斑病、炭疽病危害，可喷施百菌清1 000倍液或多菌灵1 500倍液防治。

—— 养花之道 ——

栽培土壤宜用腐叶土、黏质壤土与沙土配合成的混合肥土。

生长期保持土壤湿润，并施肥1~2次；秋冬季每天向叶面喷水1次，勿积水。每年适当修剪下部枯黄枝叶。

摆放布置

山海带株形古朴美观，叶形飘逸，是近年来花市新秀观叶植物。常盆栽置于阳台、客厅、宾馆、会议室等处观赏，幼株可用于书桌或案几等摆放。

常绿小乔木，茎秆直立，株高3~4米。叶色浓绿，叶呈长披线形，常聚生于茎、枝顶端，剑形，互相套叠，叶为薄革质。圆锥花序长30厘米以上，花绿白色或淡黄色。花期6~8月。浆果球形，约1厘米。

金边虎尾兰

科属：龙舌兰科虎尾兰属

别名：千岁兰

Sansevieria trifasciata

金边虎尾兰原产于斯里兰卡及印度东部热带干旱地区。喜光，稍耐阴；不耐寒，气温低于0℃会受到寒害；极耐旱，忌土壤积水。喜疏松透气、排水顺畅的沙质壤土。

多年生常绿肉质草本，具匍匐的根状茎。叶直立、剑形，革质，绿色，具灰绿色的云状斑纹，叶边缘有金色条纹。总状花序，花葶高30~80厘米，花淡绿色或白色，3~8朵簇生。花期11~12月。浆果。

繁殖方法

可用分株法繁殖。分株一般结合春季换盆进行，方法是将生长过密的叶丛切割成若干丛，每丛除带叶片外，还要有一段根状茎和吸芽，分别上盆栽种。扦插繁殖培育出的小苗往往不见其最为引人注目的金边，故不采用。

花卉诊治

常有细菌性软腐病、镰孢斑点病发生，可用1∶0.5∶100波尔多液或53.8%可杀得干悬浮剂1 000倍液喷洒。

—— 养花之道 ——

盆栽可用腐叶土和园土等量混合并加少量腐熟基肥作为基质。在光线充足的条件下生长良好。平时用清水擦洗叶面灰尘，保持叶片清洁光亮。春季根颈处萌发新植株时要适当多浇水，保持盆土湿润；夏季高温季节也应经常保持盆土湿润；秋末后应控制浇水量，盆土保持相对干燥，以增强抗寒力。

摆放布置

叶片翠绿肥厚，有较强的吸附甲醛等有害气体的能力，适合做盆栽种植，放于室内布置景观，效果良好。

荷兰铁

科属：龙舌兰科丝兰属

别名：象脚丝兰、无刺丝兰

Yucca elephantipes

荷兰铁原产于北美温暖地区。喜温暖湿润与阳光充足的环境，较耐阴，耐旱，耐寒力强。生长适温为15～25℃，越冬温度不低于0℃。对土壤要求不严，以疏松、富含腐殖质的壤土为佳。

繁殖方法

常用扦插繁殖。扦插在整个生长季均可进行，但以春秋季较好。扦插时剪取10～30厘米的芽，待伤口稍晾干后基部沾上黄泥浆，扦插于干净的河沙中，1个月左右即可生根。

花卉诊治

荷兰铁在高温高湿条件下极易发生叶斑病，叶缘呈黑褐斑迹，严重时蔓延到叶片大部分，应及时防治，药剂宜用800～1 000倍百菌清防治。

—— 养花之道 ——

生长季保持盆土湿润即可，避免浇水过多，引起积水，而使根部和茎干腐烂。

生长旺盛期每月施1～2次液肥。养护管理粗放，冬季剪去下部枯叶即可。

摆放布置

荷兰铁株形整齐，茎干粗壮，叶片坚挺翠绿，极富阳刚、正直之气，同时对多种有害气体（如CO_2、HF、Cl_2、NH_3等）具有较强的吸收能力，是室内外绿化装饰的理想材料。可作大型盆栽置于会议室、大厅、走廊过道等处。

常绿木本植物，在原产地株高可达10米，盆栽的株高多为1~2米。茎干粗壮、直立，褐色，有明显的叶痕，茎基部可膨大为近球状。叶窄披针形，着生于茎顶，末端急尖，长可达1米、宽8~10厘米；叶革质，坚韧，全缘，绿色，无柄。

凤尾竹

科属：禾本科簕竹属
别名：观音竹

Bambusa multiplex 'Fernleaf'

凤尾竹原产于中国广东、广西、四川、福建等地。喜温暖湿润和半阴环境。耐寒性稍差，冬季温度不低于0℃；不耐强光暴晒，怕积水，宜肥沃、疏松和排水良好的壤土。

繁殖方法

可用分株和扦插繁殖。分株繁殖可在早春（2~3月）结合换盆时进行。扦插繁殖在5~6月进行，将一年生枝剪成有2~3节的插穗，去掉一部分叶片，插于沙床中，保持湿润，当年可生根。

花卉诊治

常发生叶枯病和锈病，用65%代森锌可湿性粉剂600倍液防治叶枯病，用50%萎锈灵可湿性粉剂2 000倍液防治锈病。虫害有介壳虫和蚜虫危害，用40%氧化乐果乳油1 500倍液喷杀。

—— 养花之道 ——

移栽需在2~3月进行。盆栽，每2~3年换盆1次，将老竹取出，扒去宿土，剪除细小地下茎和老竹，加入肥土。

生长期保持盆土湿润，放半阴处养护，勤向叶面喷水，每月施肥1次。

冬季搬入室内向阳处越冬。

摆放布置

凤尾竹株丛密集，竹干矮小，枝叶秀丽，常用于盆栽观赏，点缀小庭院和居室，也常用于制作盆景或作为低矮绿篱材料。

为孝顺竹的变种。丛生型小竹，枝秆稠密，纤细而下弯。叶细小，长约3厘米，常20片排生于枝的两侧，似羽状。

103

龟甲竹

科属：禾本科刚竹属

Phyllostachys edulis 'Heterocycla'

龟甲竹长江以南地区均有露天栽培。喜温暖阴湿及通风良好的环境；生长的适宜温度为20~30℃，能耐短期-5℃左右的低温；喜光，不耐阴；忌土壤板结，低洼积水。

繁殖方法

多用分株繁殖。分株可在早春结合换盆时进行。分株时将生长过密的株丛，从盆中倒出，从根茎处用刀切开，另行上盆。注意不要伤根。分株后，应放在阴凉处，第一次浇水要透，以后只需保持湿润，不要浇水过多。

花卉诊治

主要有叶枯病、褐斑病和灰斑病危害。发病前用波尔多液喷洒预防，发病时，喷甲基托布津1 000倍液防治。另有介壳虫和蚜虫危害，喷40%氧化乐果乳油1 000倍液防治。

—— 养花之道 ——

庭院地栽选择阳光充足、排水顺畅的环境，一般早春定植，几乎不精细养护。

盆栽一般每2年换盆1次，每隔20天左右需施1次液肥。

夏季注意多浇水，保持盆土湿润，还要保持空气湿润，才能使龟甲竹枝叶青翠。冬季需放在室内，控制水分，并停止施肥。

摆放布置

龟甲竹的节片像龟甲又似龙鳞，凹凸有致，清秀高雅，千姿百态，令人叹为观止，可栽植于庭院角隅观赏，象征长寿健康；亦可制作盆景，盆栽置于阳台、露台等处。

秆直立，粗大，高可达20米；表面灰绿，节粗或稍膨大，从基部开始，下部竹竿的节间歪斜，节纹交错，斜面突出，交互连接成不规则相连的龟甲状，越基部的节越明显；叶披针形，一束2～3枚。

紫竹

科属：禾本科刚竹属

别名：黑竹、乌竹

Phyllostachys nigra

紫竹原产于黄河流域以南各地。阳性树种，喜温暖湿润气候，耐寒性较强，能耐-20℃低温；忌积水。栽培宜深厚肥沃、排水顺畅的沙质壤土为宜。

繁殖方法

分株或埋鞭根繁殖。母竹以选2～3年生，秆形较矮小、生长健壮者为佳。挖母竹时，应留鞭根1米许，并带宿土，除去秆稍，留分枝5～6盘，以利成活。埋鞭繁殖，应选生长良好的鞭根约1.5米，笋芽饱满，2～3年生者，于早春2月间栽植为宜。

花卉诊治

病虫危害较少，以防治丛枝病、枯梢病、竹笋夜蛾、笋泉蝇及竹螟为主。应及时去除病弱枯枝枯梢，合理整枝，做好通风透光，可减少病虫害发生。同时还可喷多菌灵、波尔多液、菊酯类药等防治。

—— 养花之道 ——

栽竹时间以早春2月为宜，梅季也可种植。

种植土要施足基肥。施肥一般在笋后或秋季施1～2次。水分管理应做到"见干见湿，浇则浇透"的原则。

摆放布置

紫竹为传统的观秆竹类，叶翠绿，竹竿紫黑色，颇具特色，宜种植于庭院山石之间；也可置于书斋、厅堂、小径、池水旁；亦可栽于盆中，置窗前、几上，别有一番情趣。

秆高2~5米，胸径1~5厘米。新竹绿色，密被白粉和刚毛，以后逐渐变为紫黑色，秆环隆起。叶片小，窄披针形，先端渐长尖，质薄。笋期4月中下旬。

薄荷

科属：唇形科薄荷属
别名：水薄荷

Mentha canadensis

薄荷分布于我国南北各地，日本、朝鲜半岛、西伯利亚等亚洲北部地区也有分布。喜湿润环境，但不耐涝。耐寒耐热，稍耐阴。对土壤的要求不高，但喜排水良好的有机质丰富的土壤。

繁殖方法

主要用分株、扦插繁殖。4月上中旬将母株的匍匐茎分节切断，分别栽植。也可挖取粗壮、色白的根状茎，截成6~10厘米长的段，植后覆土3厘米左右，15~20天萌芽。

花卉诊治

在5~6月间连续阴雨或过于干旱时易发薄荷锈病。可用300倍液敌诱钠喷雾。薄荷斑枯病一般5~10月间发生，发现病叶及时摘除烧毁，同时在发病初期喷65%代森锌可湿性粉剂500倍液喷洒。以上防治在收获前20天停止喷药。

—— 养花之道 ——

薄荷栽培管理较为简便。

盆栽每年春季翻盆换土时，可分离出大量的植株。

平时保持盆土偏湿，生长初期和中期要求水分较多。

施肥以氮肥为主，磷钾肥为辅，薄肥勤施。

摆放布置

薄荷花色淡雅，叶具有特殊香味，家庭栽培常作芳香及药用植物，可入馔食用，用途较为广泛。园林中多片植或丛植观赏。

多年生草本植物，高可达1米，具匍匐根状茎；地上茎直立，多分枝，四棱形。叶对生，长圆形或卵状披针形，两面有毛和油腺，有清凉浓香。花淡红、青紫或白色，极小，腋生。小坚果卵形，黄褐色，极小。花果期8～11月。

彩叶草

科属：唇形科鞘蕊花属
别名：五色草、洋紫苏、锦紫

Coleus blumei

彩叶草原产于印度尼西亚爪哇岛。喜高温高湿与阳光充足的环境，喜光但忌讳烈日暴晒，稍耐阴；不耐寒，冬季越冬气温不低于10℃，夏季高温时稍加遮阴。适生于富含腐殖质、排水良好的沙质壤土。

繁殖方法

主要繁殖方法为撒播与扦插。彩叶草种子喜光，播后不需覆土，保持基质湿润即可。发芽适温20~25℃，8~10天发芽。扦插四季皆可进行，20℃左右1周生根，水插也很容易生根。

花卉诊治

幼苗期易发生猝倒病，应注意播种土壤的消毒。生长期有叶斑病危害，用50%甲基托布津可湿性粉剂500倍液喷洒。室内栽培时，易发生介壳虫、红蜘蛛和白粉虱危害，可用40%氧化乐果乳油1 000倍液喷雾防治。

—— 养花之道 ——

盆栽时，可施骨粉或复合肥作基肥，生长期隔10~15天施一次有机液肥（盛夏时节停止施用）。施肥切忌将肥水洒至叶面，以免灼伤腐烂；过荫易导致叶面颜色变浅，植株生长细弱。

幼苗期应多次摘心，以促发侧枝，使之株形饱满。花后，可保留下部分枝2~3节，其余部分剪去，重发新枝。

彩叶草生长适温为20℃左右，寒露前后移至室内，冬季室温不宜低于10℃，此时浇水应做到见干见湿，保持盆土湿润即可，否则易烂根。

摆放布置

彩叶草色彩鲜艳、品种甚多、繁殖容易，为应用较广的观叶花卉，除可作小型观叶花卉陈设外，还可配置于花坛、花径，也可作为花篮、花束的配叶使用。

多年生观叶草本。植株高40～90厘米。茎方形，质柔软。叶对生，宽卵形或卵状心形，边缘有粗锯齿，叶背面常有茸毛；叶在绿色衬底上有紫、粉红、红、淡黄、橙等彩色斑纹。圆锥花序，花小，花色为淡蓝或白色，花期8～9月。

栗豆树

科属：豆科栗豆树属
别名：绿元宝、招财进宝、开心果

Castanospermum australe

　　栗豆树原产于大洋洲，我国引种栽培。性喜温暖湿润，喜肥，怕干旱，要求通风良好、凉爽半阴的环境。生长适温为10～33℃，不耐寒，4℃以下会引起落叶。

繁殖方法

一般可用播种繁殖，宜随采随播。

当种子萌发后将种皮剥下，因光合作用，而使两块肥厚的子叶变得翠绿，使其具有较高的观赏价值。

花卉诊治

常见有黑斑病和炭疽病危害，可选用70%代森锰锌可湿性粉剂400～600倍液或50%多菌灵可湿性粉剂600～1 000倍液喷洒防治。

—— 养花之道 ——

栽培基质可用肥沃、富含腐殖质的沙质壤土。

生长中须对植株摘心，保持完美的株形。

生长期的浇水应掌握"见干见湿"的原则，并每月施一次复合液肥。

要求中等强度的散射光线，能耐阴，夏季忌烈日暴晒。

北方夏季空气干燥，要经常向叶面喷水，但忌盆内积水，以免引起腐烂。

冬季保持盆土稍干，不干不浇，以防水多烂根。

摆放布置

栗豆树小苗子叶肥胖，有如一对元宝，十分讨喜可爱、幼株适合作小型盆栽，置于室内书桌、案头、窗台观赏；在华南地区成株后可作为庭院树、庭荫树。

常绿阔叶乔木。一回奇数羽状复叶，小叶呈长椭圆形，近对生，全缘，种球自基部萌发，如鸡蛋般大小，革质肥厚，饱满圆润，富有光泽。革质有光泽。宿存盆土表面，圆锥花序生于枝干上，小花橙黄色，花期春夏。

含羞草

科属：豆科含羞草属
别名：知羞草、害羞草

Mimosa pudica

含羞草原产于热带美洲；我国台湾、福建、广东、广西、云南等地也有分布。喜温暖湿润、阳光充足的环境，稍耐阴；不耐寒，气温低于5℃会受寒害；生长迅速，适应性较强。适生于排水良好，富含有机质的沙质壤土。

繁殖方法

播种繁殖。一般早春室内播种育苗，播后覆土3～5厘米，以盖住种子为宜，置于20℃散射光处，经7～10天，种子发芽出苗。

花卉诊治

盆栽几乎不会有病虫害，只要注意不要过度浇水即可。

—— 养花之道 ——

性强健，生长迅速。在阳光充足的条件下，根系生长很快，需要每天浇水。

夏季炎热干旱时应该早、晚各浇1次水，缺水则叶片会下垂以至发黄，受触动也不再闭合。

苗期每半月追肥1次。如不想让株形过大，则要减少施肥量。春夏季节可置于户外，冬季应移到室内，室内温度在约10℃即可安全过冬。

摆放布置

用手触及含羞草，小叶受刺激后，即行合拢，如震动大可使刺激传至全叶，总叶柄也会下垂，甚至可能传递到邻叶使其叶柄下垂，深受儿童喜爱，花市常做小型奇趣盆栽。可置于案头、书桌、窗台、阳台等处观赏。

亚灌木状草本。茎圆柱状，具分枝，有散生、下弯的钩刺及倒生刺毛。羽片和小叶触之即闭合而下垂；羽片通常2对；小叶10～20对，线状长圆形。头状花序圆球形，直径约1厘米，具长总花梗，单生或2～3个生于叶腋；花小，淡红色。荚果长圆形，荚缘波状，具刺毛。花期3～10月，果期5～11月。

澳洲鸭脚木

科属：五加科澳洲鸭脚木属
别名：昆士兰伞木、昆士兰遮树

Brassaia actinophylla

澳洲鸭脚木原产于大洋洲及太平洋中的一些小岛屿，我国南部热带地区亦有分布。适生于温暖湿润及通风良好的环境，喜阳也耐阴，不耐寒，在疏松肥沃排水良好的土壤中生长良好。

繁殖方法

常用扦插繁殖。扦插基质可用蛭石与细河沙按3：1的比例混匀，并用0.5%的高锰酸钾液杀菌。插穗长10～12厘米，带1～3片叶，底部成斜面。扦插后可用聚氯乙烯膜进行拱棚覆盖，春、夏、秋3季要用遮阳网遮去70%的光照；温度保持在15～30℃，一般经30～40天根系生成。

—— 养花之道 ——

栽培以壤土或沙质壤土最佳，须排水良好。全日照、半日照均可。室内观赏宜选择光照明亮的地点。

施肥可用有机肥料或豆饼、油粕肥效佳，每1～2个月追肥1次。

性喜高温多湿，生长适温在20～30℃，冬季要温暖避风。

花卉诊治

全年均有炭疽病发生，高温、日灼、药害、施肥不当以及根系发育不良等都会诱发病菌侵染和促进该病害的发展。发病期间可交替喷洒75%百菌清500～600倍液和50%代森铵800倍液，每7～10天喷一次，连续数次可见效。介壳虫发生可用万灵800倍液和40%氧化乐果乳油800倍液喷洒，交替使用，每周1次，连续3～4次效果显著。

摆放布置

叶片宽大，且柔软下垂，形似伞状；枝叶层层叠叠，株形优雅，姿态轻盈又不单薄，极富层次感，易于管理，是理想的室内观叶植物。

常绿乔木，干平滑，株高可达150厘米。叶色浓绿，掌状复叶，具长柄，丛生枝条先端。花为圆锥状花序，花小型，淡黄色，春季开花。果实球形而生纵沟。

八角金盘

科属：五加科八角金盘属
别名：手树、金刚纂

Fatsia japonica

八角金盘原产于日本，我国长江以南省区可露天栽培，我国北方常温室盆栽观赏。喜凉爽湿润的半阴环境，忌烈日暴晒；较耐寒，能耐-8℃的低温；较耐旱。喜疏松肥沃、排水良好的酸性土壤。

繁殖方法

多采用扦插繁殖，夏季5～7月用嫩枝扦插，保持温度及遮阴，并适当通风，生根后保留荫棚养护。秋插在8月，选2年生硬枝，剪成15厘米长的插穗，斜插入沙床2/3，保湿，遮阴，大约40天可生根。

花卉诊治

常有叶斑病、炭疽病危害。可使用炭特灵1 000倍液、百菌清1 000倍液防治。

—— 养花之道 ——

在生长期保持土壤湿润，夏秋高温季节，要勤浇水，并注意向叶面和周围空间喷水，以提高空气湿度，10月份以后控制浇水。

4～10月为旺盛生长期，可每2周施1次薄液肥，10月以后停止施肥，否则易徒长，影响开花结果。

摆放布置

八角金盘叶形奇特，四季常青，耐阴能力强，最宜配置于屋檐角隅、庭院院落拐角，亦可片植于林下；盆栽可摆放在书房、客厅、大堂等处。

常绿灌木或小乔木。高达5米，常成丛生状。单叶互生，近圆形，宽12～30厘米，掌状7～11深裂，缘有齿，革质，表面深绿色而有光泽；叶柄长，基部膨大。花小，乳白色；球状伞形花序聚生成顶生圆锥状复花序；花期10～11月。果近球形，熟时黑色，果熟期翌年4月。

熊掌木

科属：五加科熊掌木属

别名：五角金盘

×*Fatshedera lizei*

熊掌木熊掌木为八角金盘（*Fatsia japomica*）与常春藤（*Hedera helix*）的属间杂交种，我国长江流域有引种栽培。喜温暖凉爽的半阴环境，阳光直射时叶片会黄化，耐阴能力强，在光照极差的环境下也能健康生长。较耐寒，最适温度为10～16℃；喜较高的空气湿度。栽培以深厚肥沃，富含腐殖质的壤土为宜。

繁殖方法

为杂交种，只能通过压条、扦插无性繁殖。扦插法以春、秋季为适期。

花卉诊治

虫害主要有蚜虫和螨类；前者可用吡虫啉类1 000～1 500倍液体防治，后者多用三氯杀螨醇1 000～1 500倍、克螨特1 000倍液防治。

—— 养花之道 ——

栽培处宜半阴，忌强烈日光直射。

宜用腐叶土或腐殖质壤土，生长期保持土壤湿润；每10～20天可施用有机肥料或复合肥1次；生长期间可摘心或修剪，能促进分枝萌发，防止株形披散倒伏。

摆放布置

熊掌木枝叶舒展，四季青翠碧绿，且有极强的耐阴能力，最宜室内阴凉处摆放，客厅、走廊、书房均适宜；亦可片植作林下地被。

　常绿蔓性灌木，高1米以上。初生时茎呈草质，后渐转木质化。单叶互生，掌状五裂，叶基心形，叶宽12～16厘米，全缘；新叶密被褐色茸毛，老叶浓绿而光滑；叶柄长8～10厘米。成年植株在秋天开淡绿色小花。

幌伞枫

科属：五加科幌伞枫属
别名：罗伞枫、大幸福树

Heteropanax fragrans

　　幌伞枫原产于印度、孟加拉和印度尼西亚，我国云南，广西，海南，广东等地有分布。喜光，性喜温暖湿润气候；亦耐阴，不耐寒，能耐5℃低温及轻霜，不耐0℃以下低温。较耐干旱、贫瘠，但在肥沃和湿润的土壤上生长更佳。

繁殖方法

　　可播种繁殖或扦插繁殖。以播种繁殖为主。种子无休眠习性，可随采随播。覆土约1厘米，气温27℃左右，播种20天子叶即带壳出土，一年生苗木可以出圃。

花卉诊治

　　虫害主要为铜绿金龟子幼虫、蛴螬、地老虎，在整地施基肥时每穴加施呋喃丹、病害主要是幼苗期容易患立枯病，可用敌克松0.1%溶液、甲基托布津0.1%溶液及50%多菌灵粉剂0.33%～0.5%溶液交替喷洒防治。

—— 养花之道 ——

　　地植宜挖大穴，施腐熟垃圾或禽畜粪做基肥，种植以后一般可不再施肥。

　　盆栽宜用森林表土或塘泥，施干粪及钙镁磷等做基肥，以后视叶片生长情况，每年施氮肥水数次。

　　5℃以下低温，须置室内防寒越冬。

摆放布置

　　幌伞枫树冠圆整，枝叶茂密，羽叶巨大奇特，为优美的观赏树种。大树可供庭荫树及行道树，幼年植株可盆栽观赏，可置饭店、宾馆及家庭装饰。

　树高可达30米，树冠近球形，树皮淡褐色。3～5回羽状复叶，长1米余，小叶椭圆形，长5.5～13厘米。伞形花序密集成头状，总状排列，花小、黄色，花期10～12月。果扁球形，翌年2～3月成熟。

洋常春藤

科属：五加科常春藤属
别名：加那利常春藤

Hedera helix

洋常春藤原产于北非、欧洲、亚洲等地。喜温暖湿润和半阴环境，也能在充足阳光下生长，较耐寒，能耐短暂-3℃左右低温，土壤以疏松、肥沃的壤土最宜。

繁殖方法

常用扦插繁殖。生长期均能进行，插穗可用2年生营养枝，插后需遮阴和保湿，20天左右插条可生根。

花卉诊治

常见叶斑病危害，用200倍波尔多液喷洒防治。如室内通风条件差，易受介壳虫和红蜘蛛危害，分别用50%马拉松800倍液和40%三氯杀螨醇1 000倍液喷杀。

—— 养花之道 ——

盆栽观赏，一般每盆栽植3株为宜，栽后注意肥水管理，每2周施肥1次，保持较高的空气湿度，但土壤不宜过湿。

枝叶萌发期，根据不同用途，要修剪整形。栽培3年后应重新分株或扦插繁殖更新。

摆放布置

洋常春藤蔓枝密叶，耐阴性好，叶片色彩丰富，有金边、银边、金心、彩叶和三色的。适合盆栽和室内垂直绿化，是家庭室内装饰和宾馆景观布置的好材料。

常绿蔓性藤本，茎节可生气生根。叶为掌状裂叶，不同品种叶型有差异，或浅裂或深裂，或全缘或波状缘，叶片具黄色、白色斑块或镶纹，变化较大。

花叶鹅掌柴

科属：五加科鹅掌柴属
别名：花叶鸭脚木

Schefflera odorata 'Variegata'

花叶鹅掌柴原产于大洋洲，现世界各地均有栽培。性喜暖热湿润气候，耐半阴，忌烈日暴晒。不耐寒，冬季气温应不低于5℃，否则易受寒害。栽培宜深厚、肥沃的沙质壤土。

繁殖方法

扦插繁殖为主。夏末秋初，当枝条基部的休眠芽开始萌发时，按8～12厘米（带2～3片叶）剪成插穗，要求上截口平剪，下截口斜剪。按5×5厘米行间距插入苗床，并做好遮阴、保湿和通风，一般25天左右即可生根。

—— 养花之道 ——

每年春季萌芽前翻盆换土一次，栽培基质要求透气性好、排水性强、疏松肥沃的营养土。

生长期要常浇水，保持空气湿润，使叶片清新鲜艳。冬季休眠期，用与室温相近的水，10天左右浇1次。

半月左右施1次氮磷钾液肥或复合肥，忌单施氮肥，否则黄斑易消失。盛夏、严冬不施肥。

适宜生长温度14～30℃，冬季低于0℃应入室越冬。

花卉诊治

炭疽病病发时应及早摘除病叶烧毁，发病初期用80%炭疽福美可湿性粉剂500～800倍液喷洒叶面，每隔7～10天1次，连续2～3次。叶斑病发病初期，可用20%甲基托布津可湿性粉剂1 000倍液喷洒病株叶面，每隔7～10天1次，连续2～3次。虫害主要为介壳虫，发生初期用25%的扑虱灵可湿性粉剂1 500～2 000倍液喷雾，隔15天喷1次，也可在卵孵化盛期用40%氧化乐果乳油1 000倍液喷雾。

摆放布置

树冠整齐优美，四季常绿，枝叶繁茂，为观赏价值很高的优良盆栽花木，亦可在园林中作掩蔽树种用；叶可作插花用。

多年生常绿灌木，茎黄绿色。掌状复叶，小叶6～9枚，革质，长卵形或椭圆形。叶绿色，间或有金黄色斑块。伞形花序聚成大型圆锥花序，花冠白色，芳香，冬季开花。果实球形，暗紫色，4～5月果实成熟。

吊竹梅

科属：鸭跖草科吊竹梅属

别名：吊竹兰、斑叶鸭跖草

Tradescantia zebrina

吊竹梅原产于墨西哥，我国栽培广泛。性喜温暖湿润气候，较耐阴，不耐寒，生长适温15～25℃，越冬温度不低于0℃；不耐旱，耐水湿。对土壤要求不严，适应性极强，以肥沃、疏松的壤土为佳。

繁殖方法

以扦插及分株繁殖为主。扦插时间除夏季及冬季外均可进行，极易生根，成活率较高。分株繁殖在春秋两季进行，也易成活。

花卉诊治

主要病害有灰霉病，高温高湿或冬季过湿易发病；预防可施用多菌灵1 500～2 000倍液；发病时可施用甲基托布津1 000倍液、百菌清800～1 000倍液防治。

养花之道

盆栽多用腐叶土、园土等量混合做培养土。

春、夏、秋3季阳光较强时要荫蔽养护，并经常向叶面喷水保湿，保持盆土湿润。

生长旺盛时期10天追施1次液肥，以氮肥为主。冬季停止施肥，控制水分，不宜过干，并置于阳光下养护。

摆放布置

吊竹梅枝条自然飘逸，独具风姿；叶面斑纹明快，叶色美丽别致，深受人们的喜爱。多盆栽，适宜美化卧室、书房、客厅、阳台及窗台等处，也适合作悬挂布置。园林中也有应用，常用于半阴处作地被植物。

多年生葡匐草本。茎稍肉质，多分枝，葡匐生长，节上易生根。叶半肉质，无叶柄，叶椭圆状卵形，全缘，表面紫绿色，杂以银白色条纹，叶背紫红色，叶鞘被疏毛。花数朵，聚生于小枝顶部的2片叶状苞片内。花期为5～9月。

变叶木

科属：大戟科变叶木属
别名：洒金榕

Codiaeum variegatum

　　变叶木原产于南洋群岛及大洋洲大陆热带地区，现广泛栽植于热带地区，我国南方各地区常见栽培。性喜温暖湿润及光照充足的环境；不耐寒，冬季温度不得低于15℃；不耐旱，对土壤及环境空气湿度敏感。

常绿灌木或小乔木，株高1~2米。单叶互生，条形至矩圆形，厚革质，边缘全缘或者分裂，波浪状或螺旋状扭曲。叶片上常具有白、紫、黄、红色的斑块和纹路。总状花序生于上部叶腋，花小，白色，不显眼。

繁殖方法

主要扦插繁殖。宜在盛夏高温多湿季节进行，剪取1年生半木质化小侧枝作插穗，去掉大部分叶片，插入质地纯净的素面沙或蛭石和珍珠岩各半的基质中。如切口有大量白浆渗出，迅速蘸木炭粉或香烟灰封闭。插好罩薄膜保温保湿，约3周后即可生根。

花卉诊治

易遭介壳虫、红蜘蛛、蚜虫等为害，可用40%氧化乐果乳油乳剂1 000~1 500倍液防治。煤烟病可用清水擦洗枝叶或喷洒25%多菌灵可温性粉剂500~800倍液防治。

—— 养花之道 ——

栽培基质可由腐叶土、园土和沙土混合而成。

从5~9月，一般约每隔10~15天施1次由饼肥等沤制的腐熟稀薄液肥。

夏季可喷水增加空气温度，平时宜保持盆土湿润。冬季要适当修剪整形，做好防冻措施。

摆放布置

变叶木叶形变化多样，叶色七彩斑斓，极为美丽。既可陈设于厅堂、会议厅、宾馆酒楼，也可置于卧室、书房的案头、茶几上点缀观赏；在南方还可用于庭院绿化。

红背桂花

科属：大戟科海漆属

别名：红背桂

Excoecaria cochinchinensis

红背桂花原产于亚洲东南部，我国广西南部有分布，华南常于庭院栽培，北方多温室盆栽观赏。喜温暖湿润的半阴环境，耐阴能力强，忌烈日暴晒，很不耐寒，气温低于5℃会受寒害；稍耐旱，忌水涝。对土壤要求不严，但以深厚肥沃、排水顺畅的壤土中生长较好。

繁殖方法

扦插繁殖为主。扦插最佳时间为春芽尚未萌动前，选择嫩枝扦插；其次可在7月下旬至8月中旬扦插，此时须选用当年春季萌发生长的嫩枝作为插穗，才能达到理想的成活率。

花卉诊治

主要病害有炭疽病、叶枯病。可用炭特灵1 000倍液、65%代森锌可湿性粉剂500倍液喷洒防治。

—— 养花之道 ——

栽培需选择半阴环境，在生长期要常浇水，保持盆土偏湿润，但忌积水，冬季7～10天浇1次水即可，偏干为宜，过湿易烂根，过干植株失水，叶黄脱落。

种植或翻盆换土时，需适当施用复合肥作底肥，生长期每半月施一次复合肥即可，盛夏和冬季不施肥。

摆放布置

红背桂花枝叶飘飘，叶背红艳，清新秀丽，华南常用于庭院、公园、居住小区绿化。北方常盆栽摆放于庭院厅堂、居室、门廊、院落观赏。

常绿灌木，高1～2米，全株无毛。单叶对生，狭长椭圆形，长6～13厘米，先端尖，基部楔形，缘有细浅齿；叶表面深绿色，背面紫红色，有短柄。花单性异株；花期几乎全年。蒴果球形，由3个小于果合成，红色；径约1厘米。

花叶木薯

科属：大戟科木薯属
别名：斑叶木薯

Manibot esculenta 'variegata'

花叶木薯原产于美洲热带地区。喜温暖和阳光充足的环境，稍耐阴；不耐寒，怕霜冻，越冬温度应在15℃以上；栽培环境不宜过干或过湿。喜深厚肥沃、排水良好的沙质壤土。

繁殖方法

常用扦插繁殖。以春夏两季最好，选择健壮茎干，剪成长10厘米茎段，用水清洗晾干后扦插，约20天左右生根。

花卉诊治

常见褐斑病和炭疽病危害，用65%代森锌可湿性粉剂500倍液喷洒。虫害有粉虱和介壳虫危害，用40%氧化乐果乳油1 000倍液喷杀。

—— 养花之道 ——

全年均需充足阳光。

生长期应充分浇水，但盆土湿度过大，会引起根部腐烂；若土壤过于干燥会产生落叶。

每月施肥1次，全年增施2～3次磷钾肥。

秋后应减少浇水。冬季气温低于15℃应置于温室栽培。

摆放布置

花叶木薯叶形奇特舒展；叶面镶嵌黄斑，美观醒目，为观叶佳品。园林中可栽培于花园、庭院角隅、草坪林缘等处，亦可配植于花径作背景；盆栽可点缀阳台、装饰宾馆入口、商厦厅堂等处。

直立灌木，株高1.5米左右，块根肉质。叶掌状3～7深裂，裂片披针形，全缘，裂片中央有不规则的黄色斑块；叶柄红色。花序腋生，有花数朵。

六月雪

科属：茜草科白马骨属
别名：满天星、白马骨

Serissa japonica

六月雪原产于华东、华中、华南、西南等地区。喜温暖湿润的半阴环境，畏强光直射；较耐寒、能耐−5℃低温；较耐旱，忌积水。喜排水良好、肥沃和湿润疏松的土壤，对环境要求不高，生长力较强。

繁殖方法

常采用扦插法和分株法繁殖。扦插法全年均可进行，以春季2～3月硬枝扦插和梅雨季节嫩枝扦插的成活率最高。梅雨季节扦插应注意遮阴，冬季扦插需要防寒。分株宜在萌芽前的初春，或停止生长的秋末进行较好。

花卉诊治

病虫害很少，偶有介壳虫危害。可喷洒40%氧化乐果乳油1 500倍液或25%亚胺硫磷1 000倍液防治。

—— 养花之道 ——

盆栽时应放置在半阴处养护，否则会使叶片枯黄。

生长期应施1～2次肥料，盆土宜偏干一些，肥水过多、过浓会引起枝叶徒长。

盆栽六月雪，因其萌蘖力强需经常修剪根基萌蘖，以保持美观的姿态。

移植或翻盆四季均可进行，而以春季2～3月为最好。

刚换盆或上盆栽植后应先置于半阴处，1个星期后恢复正常的养护。

摆放布置

六月雪枝叶密集，白花盛开，宛如雪花满树，雅洁可爱，是既可观叶又可观花的优良树种。其叶细小，根系发达，尤其适宜制作微型或提根式盆景，是华东、西南地区的主要盆景树种之一；盆景布置于茶几、书桌或窗台上，则显得古典雅致，是室内美化点缀的佳品；地栽可配植在山石、岩缝间；亦适宜花篱和林缘下木。

常绿小灌木，高60～90厘米，有臭气。叶革质，卵形至倒披针形，长6～22毫米，宽3～6毫米，边全缘。花单生或数朵丛生于小枝顶部或腋生；花冠淡红色或白色，长6～12毫米；花期5～7月。市场常见有金边、重瓣等品种。

虎耳草

科属：虎耳草科虎耳草属

别名：金线吊芙蓉

Saxifraga stolonifera

虎耳草原产于我国陕西、甘肃、河北和南方各省区，朝鲜、日本也有分布。喜阴凉、潮湿环境，喜肥沃湿润的土壤，以密茂多湿的林下或阴凉潮湿的坎壁上生长较好。

繁殖方法

繁殖常用分株法，于春季结合换盆进行，或直接剪取茎上的小植株，另行栽植即可。

花卉诊治

常有灰霉病、白粉病和叶斑病危害。灰霉病和叶斑病用65%代森锌500倍液喷洒防治，白粉病用15%粉锈宁800倍液喷雾防治。

—— 养花之道 ——

盆栽时可用腐叶土、园土、粗沙混合作为培养基质。

虎耳草管理粗放，耐阴性较强，全年可放在室内有散射光处培养。

生长期2～3周可施1次液肥（腐熟饼肥水或复合肥水等）。

盆土不可过干，要经常保持盆土湿润，常向叶面喷水，保持湿润的小气候。

其开花后有休眠期，此期应注意少浇水。

冬季在室温高于5℃的环境中可防止受冻。

摆放布置

虎耳草植株小巧，叶形美，茎长而下垂，常作盆栽或吊盆栽植，置于室内几架、案头和窗台摆设，颇有雅趣；园林宜种植于岩石园、墙垣及野趣园中，亦十分美观；也可在林下、建筑或岩石旁栽植。

多年生常绿草本，高8～45厘米，全株被明显的茸毛。叶通常基生，肉质，近心形、圆形或肾形，长1.5～7.5厘米，宽2～12厘米，5～11浅裂，边缘具不规则齿；叶面绿色，具白色网状纹，背面及叶柄紫红色。聚伞花序圆锥状，长7.3～26厘米，具7～61朵花；花瓣5，花色白色或粉色，中上部具紫红色斑点，基部具黄色斑点；花果期4～11月。

幸福树

科属：紫葳科山菜豆属

别名：菜豆树、山菜豆

Radermachera sinica

幸福树原产于我国华东南部、华南、西南等地，多分布于山谷、平地疏林中。性喜高温多湿、阳光充足的环境，耐半阴；畏寒冷，气温低于5℃会受寒害；忌干燥。适生于疏松肥沃、排水良好、富含有机质的沙质壤土。

繁殖方法

播种繁殖于春季3～4月进行。播种前浸泡2～3个小时后拌和于湿沙撒播于苗床，轻覆薄土，加盖薄膜保湿。当其长出2～3片真叶时带土团上盆或袋栽。也可在3～4月间进行扦插繁殖，半木质化插穗长15～20厘米，将其扦插于沙壤苗床上，保持苗床湿润。待其长出完好的根系后，方可将其带土团移栽上盆。

花卉诊治

在高温、高湿通风不好的环境中，其叶片易感染叶斑病，应加强通风透光，避免叶面长时间滞水，及时将其摘除烧毁，定期喷洒50%的多菌灵可湿性粉剂600倍液，每半月1次，连续3～4次。虫害主要有介壳虫，少量可用湿布抹去，也可用透明胶带将其粘去，或用25%的扑虱灵可湿性粉剂1500倍液喷杀。

摆放布置

幸福树幼苗常作中小型盆栽，可摆放在阳台、卧室、门厅等处；成熟大株的幸福树叶青翠茂密，充满活力朝气，可摆放于走廊、大厅等处观赏。

—— 养花之道 ——

应选用疏松肥沃、排水透气良好、富含有机质的培养土。

入夏要适当遮阴，注意保持盆土湿润，并经常给植株叶面喷洒水分。

冬季温度低于10℃时，植株进入休眠状态，不可浇水太多，以免出现积水烂根，并做好保暖越冬。

落叶乔木，株高可达10米。叶2～3回奇数羽状复叶，小叶对生，卵形或椭圆形，先端尖锐，全缘。圆锥花序顶生，花冠黄白色，筒状，一侧膨大，裂片5枚，不等大；花期5～9月。蒴果线状，形似菜豆，果期10～12月。

鸡爪槭

科属：槭树科槭树属
别名：青枫、雅枫、槭树

Acer palmatum

鸡爪槭主产于我国长江流域各地，北至山东，南达浙江，朝鲜、日本也有分布。弱阳性树种，耐半阴，夏季阳光直射易遭日灼之害；喜温暖湿润气候及肥沃、湿润而排水良好之土壤；耐寒性不强，酸性、中性及石灰质土均能适应。生长速度中等偏慢。

繁殖方法

播种繁殖。10月采种，可随采随播。亦可湿沙层积贮放，次年春播后覆土厚约1厘米，上盖稻草。发芽后，及时揭去盖草，幼苗期7~8月，应搭棚遮阴，浇水防旱，适当施以稀薄追肥，以促进生长。

花卉诊治

病害有褐斑病、白粉病，可喷洒波尔多液或石硫合剂进行防治。虫害主要有刺蛾、蓑蛾及天牛等，可用80%敌敌畏乳剂1 500倍液喷杀之。

—— 养花之道 ——

苗木栽植需选较为庇荫、湿润而肥沃之地，在秋冬落叶后或春季萌芽前进行。移植大苗时必须带土。

夏季要适当遮阴，忌烈日暴晒，并施肥浇水。

入秋后以干燥为宜。如室内盆栽观赏，在秋季经霜后，可追施1~2次氮肥，并适当修剪整形，可促使萌发新叶，待气温下降，移入室内养护，可使叶色鲜艳，延长观叶期。

摆放布置

鸡爪槭树姿雅美，叶形秀丽，早春新叶嫩红，生长期春夏两季，生长期转为绿色，入秋红叶耀目，为著名秋色叶树种。适宜作观赏树栽植于公园、庭院、景区等地观赏，也可作盆栽或盆景，摆放室内观赏。

　落叶小乔木，株高5~10米。树皮平滑，小枝红棕色。单叶对生，纸质，近圆形，掌状分裂，裂片先端锐状，边缘有不整齐锐齿或重锐齿。花杂性同株，顶生伞房状花序，花紫红色；花期4~5月。翅果，幼时紫红色，成熟后为棕黄色，果熟期10月。

结香

科属：瑞香科结香属

别名：黄瑞香、打结花、三桠皮

Edgeworthia chrysantha

结香原产于我国长江流域以南各地及河南、陕西等地，有野生，多栽培。喜半阴，也耐日晒。喜温暖，耐寒性略差，忌积水，适生于排水良好的肥沃土壤。萌蘖力强。

繁殖方法

扦插繁殖，一般在2～3月进行，选取健壮的枝条作插穗，插穗长10～15厘米，插入土中约1/2，压实，浇透水，遮阴并保持土壤湿润，50天即可发根，次年可移植。分株繁殖在早春萌芽前进行，取粗壮的萌蘖小苗，截断与母株相连的根，另植于土中，即可成活。

花卉诊治

高温高湿，通风不良易发生白绢病，发病后及时通风，用升汞石灰水配成1：15的1 500倍液，或50%甲基托布津可湿性粉剂500倍液防治。病害主要有病毒性缩叶病主要为害叶片，阴雨多雾天气易发此病，可于发病后用50%多菌灵、50%甲基托布津可湿性粉剂800倍液喷洒植株。

摆放布置

结香树冠球形，姿态优雅，枝叶美丽，适植于庭前、路旁、水边、石间、墙隅，也可作盆栽于室内观赏。

—— 养花之道 ——

栽培以排水良好而肥沃的沙质壤土为好，忌盐碱土。

移栽或翻盆换土宜在花谢之后，新叶未展开之前，带土球，以免影响来年开花。

浇水施肥要适度，生长季节宜常浇水，以保持稍湿润状态为佳，积水易烂根，过干易落叶及影响开花数量。

花后施一次氮肥，促长枝叶，入秋施一次磷钾肥，促其花芽分化。

落叶灌木，株高0.7～1.5米。枝条粗壮柔软，常三叉分枝。叶互生，长圆形，披针形至倒披针形，先端短尖，基部楔形或渐狭。头状花序顶生或侧生，花黄色，有浓香，花期2～3月。核果卵形，状如蜂窝，果期5～6月。

文殊兰

科属：石蒜科文殊兰属

别名：十八学士、文珠兰

Crinum asiaticum var. sinicum

文殊兰原产于我国福建、广东、台湾及广西壮族自治区等地区，多生于海滨或河旁沙地，我国栽培普遍。喜温暖湿润气候，夏季忌暴晒，也不耐严寒。生长适温15~25℃。耐盐碱土，喜富含腐殖质、疏松肥沃、排水良好的土壤。

繁殖方法

分株繁殖，可在春季结合换盆时进行。将母株从盆内倒出，将其周围的鳞茎剥下，分别栽种即可。播种繁殖，宜采后即播，点播于浅盆，覆土约2厘米厚，浇透水，在16~22℃温度下，保持适度湿润，约2周后可发芽，待幼苗长出2~3片真叶时，即可移栽于小盆中。栽培3~4年可以开花。

花卉诊治

在高温潮湿环境中，叶片和叶基部易发生叶斑病。发病初期喷施75%百菌清500倍液，或75%代森锰锌500倍液防治。

—— 养花之道 ——

于3~4月将鳞茎栽于20~25厘米的盆中，不能过浅，以不见鳞茎为准。

生长期充足供水，保持盆土湿润；每周追施稀薄液肥1次，花葶抽出前宜施过磷酸钙1次。花后要及时剪去花梗。

9月上旬或10月下旬将盆花移入室内，温度保持在10℃左右，减少施肥浇水。

摆放布置

文殊兰花叶并美，具有较高的观赏价值，既可作园林景区点缀，又可作庭院装饰花卉，还可作房舍周边的绿篱；如用盆栽，则可置于会议室、宾馆、大厅入口等处观赏。

多年生常绿草本。鳞茎粗壮，呈长圆柱形，叶阔带形或剑形，基部抱茎，叶脉平行。花葶从叶丛中抽出，伞形花序顶生，外具大苞片两枚；伞状花序，着花20余朵，花白色，具浓香，花被片线形；花期5～10月。蒴果球形。

花叶艳山姜

科属：姜科山姜属

别名：花叶良姜、斑叶月桃

Alpinia zerumbet 'Variegata'

花叶艳山姜原产于东南亚热带、亚热带地区，现世界各地栽培广泛。喜阴湿环境，较耐水湿，不耐干旱。

繁殖方法

多用分株繁殖。春、夏季挖出地下根茎，剪去地上部分茎叶，割取根茎分栽，分栽植株放半阴处养护，待萌发新芽后恢复正常管理。

花卉诊治

虫害主要是蜗牛吞食花叶艳山姜的叶片，可用80%的敌敌畏1 000倍液喷杀，还可以进行人工捕捉或用灭螺力诱杀。病害主要有叶枯病和褐斑病，叶枯病发病初期，每隔7~10天可用200倍波尔多液喷施1次。发生褐斑病时可用70%的甲基托布津可湿性粉剂800~1 000倍液喷施防治。

—— 养花之道 ——

花叶艳山姜栽培管理可较为粗放。

盆栽，生长期每月施肥1次，以磷、钾肥为主，盆土保持湿润，夏、秋两季经常给叶面喷水，盛夏放半阴处，叶面斑纹会更显目。室外地栽，选择排水好的疏松壤土，春末夏初多见阳光，盛夏稍加遮阴，秋、冬季将根茎挖出放室内贮藏。

摆放布置

花叶艳山姜叶色艳丽，花姿优美，可作室内观叶观花植物，常以中小盆种植，摆放在客厅、办公室及厅堂过道等较明亮处；室外栽培点缀庭院、池畔或墙角等处，观赏效果甚佳。

多年生草本，株高1～2米。根茎横生，肉质。叶具鞘，长椭圆形，两端渐尖，叶面深绿色，并有金黄色纵斑纹、斑块，有光泽。圆锥花序下垂，苞片白色，边缘黄色，顶端及基部粉红色，花萼近钟形，花冠白色；夏季开花。

火炬姜

科属： 姜科火炬姜属
别名： 瓷玫瑰、菲律宾蜡花

Etlingera elatior

火炬姜原产于印度尼西亚、马来西亚和印度。喜高温、多湿和阳光充足的环境，耐半阴，不耐寒，忌干旱；生长适温为25～30℃，越冬温度不低于15℃；喜生于肥沃、疏松和排水良好的微酸性沙质壤土。

繁殖方法

采用分株繁殖为主。春、夏季挖出带有地下块茎的植株，剪去地上部茎叶，保留1/3的茎秆，切开分株，可直接盆栽或地栽。一般每隔2～3年分株1次。播种繁殖可于采种后应立即播种，覆土0.5厘米，发芽适温为25～28℃，播后15～20天发芽，播种苗需2～3年后才能开花。

——养花之道——

地栽宜选择深厚、肥沃、疏松的壤土，栽植前施足基肥。盆栽用泥炭土、园土和河沙等量的混合土。

生长期保持土壤湿润，并追肥2～3次。

夏季从地下茎抽出花茎，可适当遮阴，能延长观花期。

花后若不留种，及时将花序剪去，减少养分消耗。冬季茎叶枯萎后应剪除，并减少浇水，翌年春季将继续萌芽。

花卉诊治

在通风不良时，虫害主要有介壳虫危害，可用40%的氧化乐果乳油和25%的亚胺硫磷乳油1 000倍液喷杀。病害主要有叶枯病和根腐病，叶枯病可用50%甲基托布津可湿性粉剂1 000倍喷洒防治；发生根腐病时可用75%百菌清可湿性粉剂800～1 000倍液喷施防治。

摆放布置

火炬姜花葶粗直，花色漂亮，花形优美，保鲜时间长，是一种新颖的高档切花；另还可做大型盆栽供室内观赏。

多年生宿根草本，株高3～6米，根状茎。叶互生，两行排列，线形至椭圆形或椭圆状披针形，光滑，有光泽。头状花序由地下茎抽出，圆锥形球果状，似火炬；花色有深红、大红和粉红等；花期5～10月。

姬凤梨

科属：凤梨科姬凤梨属
别名：蟹叶姬凤梨、紫锦凤梨

Cryptanthus acaulis

姬凤梨原产于南美热带地区，我国南北方均盆栽。性喜高温、高湿、半阴的环境，怕阳光直射，怕积水，不耐旱，要求疏松、肥沃、腐殖质丰富、通气良好的沙质壤土。

繁殖方法

常采用扦插法和分株法繁殖。扦插法是将母株旁生的叶轴自基部剪下，保留先端3枚小叶，插入沙床中，遮阴养护，保持较高的湿度，30℃左右的温度下，3周左右即可生根，7周后就可以分苗。分株法最为常用，结合春季换盆进行，分离开花母株叶间的萌蘖，带根茎切割后栽植，遮阴养护，极易成活。

—— 养花之道 ——

盆栽姬凤梨选用腐叶土或锯末、煤烟灰、河沙、园土的混合培养土，盆底要留有通气的空隙。

地上部分要每2~3年更新一次，去除老叶，保留地下根茎。

生长旺季要经常浇水，并向地面喷水，增加湿度，但不要向叶簇喷水，防止烂叶。夏季遮阴养护，室内摆设可放置于南窗具有散射光的地方。

生长适温为30℃左右。冬季20℃左右的情况下可以继续正常生长，12℃以上能安全越冬。

花卉诊治

病害主要有叶斑病和褐斑病在春、夏季危害叶片，可每隔半月用等量式波尔多液喷洒1次，喷2~3次可见效，也可用50%多菌灵可湿性粉剂1 000倍液喷洒防治。虫害主要有粉虱和介壳虫危害，用40%氧化乐果乳油1 000倍液喷杀。

摆放布置

姬凤梨株形规则，色彩绚丽，是优良的室内观叶植物。适宜作桌面、窗台等处的观赏装饰，亦可在室内作吊挂植物栽培或栽植于室外架上、假山石上等绿化美化。

多年生常绿草本，株高仅5～6厘米。叶从根茎上密集丛生，水平伸展呈莲座状，叶片坚硬，边缘呈波状且具软刺，叶片呈条带形，先端渐尖。花两性，白色，雌雄同株，花期6月。

虎纹凤梨

科属：凤梨科丽穗凤梨属
别名：红剑凤梨、虎纹花叶兰

Vriesea splendens

虎纹凤梨原产于南美圭亚那。喜温热、湿润和阳光充足的环境。生长适温为16～27℃，冬季温度不低于5℃。适生于肥沃、疏松、透气和排水良好的沙质壤土。

繁殖方法

常用分株和播种繁殖。分株繁殖是将母株两侧的蘖芽培养成小植株，切割下来直接栽于泥炭土或腐叶土中，保持湿润，待根系较多时，再浇水施肥。播种繁殖于春季室内盆播，发芽适温为24～26℃，基质经高温消毒，将种子撒入不需覆土，轻压一下，待盆土湿润后盖上薄膜，播后10～15天发芽。播种苗3～4片叶时移栽4厘米盆，培育3～4年开花。

养花之道

每隔2～3年于春季换盆1次。

生长期适量浇水，盆土不宜过湿，经常向叶面喷水。

在莲座状叶筒中要灌水，切忌干燥。冬季低温时，少浇水，盆土保持不干即可。

每月施肥1次。

花卉诊治

主要有叶斑病和褐斑病在春、夏季危害叶片，可每隔半月用等量式波尔多液喷洒1次，喷2～3次；也可用50%多菌灵可湿性粉剂1 000倍液喷洒防治。有粉虱和介壳虫危害，用40%氧化乐果乳油1 000倍液喷杀。

摆放布置

虎纹凤梨株态优美，叶丛具紫黑条斑，苞片鲜红，开黄色小花，观赏期长，是花叶俱美的优良观赏植物。可盆栽置于客厅、窗台、会议室等处摆放。

多年生常绿附生植物。株高50~60厘米。叶深绿色，全缘，两面具紫黑色横向带斑，约20枚叶片组成莲座状叶丛。花序直立，呈烛状或剑形而略扁，苞片艳红，互相叠生，端尖锐，长期不凋。

老人须

科属：凤梨科铁兰属
别名：松萝凤梨、松萝铁兰

Tillandsia usuneoides

老人须原产于美国南部、阿根廷中部，中、南美洲地区广布，生于海拔1 000～2 400米的树上或仙人掌树上。喜欢温暖、高湿、光照充足的环境，也耐干旱；适宜生长温度为20～30℃，冬季气温5℃以上即可安然过冬。

繁殖方法

直接将母株截取数段，悬挂于铁丝、铜丝、竹条等韧性材料上，或缠挂在木本植物、花卉或竹类等多年生植物的枝条上，即可正常生长。

花卉诊治

常见有霉菌、细菌感染，一般由长时间潮湿而导致。发病后应尽快速切除感染部位，伤口再涂上杀菌粉，伤口干燥后就会慢慢恢复。

—— 养花之道 ——

在高温多湿的春夏季节，可露天放置，任其自然生长；每15天左右放置于自制肥水中浸泡。

在秋冬季节，或放置于避雨处的阳台及室内的，每隔3天左右用喷壶全部喷淋1次。

在我国华南以北地区，为避免受到严寒冻伤，冬季应置于室内养护。

摆放布置

老人须直接生长于空气之中，而无须任何土壤等培养基质，是它的最大观赏特色。另外，日常养护十分方便、简单，是装饰办公室、阳台等处良好的材料。

多年生气生或附生草本植物。植株下垂生长，茎长，纤细。叶片互生，半圆形，长3～4厘米，密被银灰色鳞片。小花腋生，黄绿色，花萼紫色，小苞片褐色，花芳香。

银后亮丝草

科属：天南星科广东万年青属
别名：银后万年青、银后粗肋草

Aglaonema commulatum 'Silver Queen'

银后亮丝草原种产于亚洲热带地区，此为园艺杂交种。喜温暖湿润和半阴环境；不耐寒，怕强光暴晒，不耐干旱；生长适温20～30℃，冬季温度不低于10℃；适生于疏松、肥沃、排水良好的沙壤土。

繁殖方法

分株繁殖。多在春季换盆时进行，将茎基部的根茎切断，涂以草木灰以防腐烂，或稍放半天，待切口干燥后再盆栽。栽植后浇透水，植于半阴处，待恢复生长即可进入正常管理。

花卉诊治

常有细菌性叶斑病和炭疽病危害，可定期喷洒等量式波尔多液防治。虫害主要有红蜘蛛危害，发病初期可用25%倍乐霸可湿性粉剂1 500倍液喷杀。

—— 养花之道 ——

盆栽植于室内光亮处，夏秋季忌强光暴晒或直射。

4～9月生长旺盛期，应加大浇水量，但忌积水。

生长期每个月可浇施1次腐熟稀薄饼肥水或复合肥；秋末气温降低至15℃以下，停止施肥。

冬季植株休眠，应控制水分供应，保持盆土微潮即可。

摆放布置

银后亮丝草植株清秀，叶色美丽，耐阴能力强，盆栽摆放客厅、走廊、大堂等处效果明显；叶可作插花材料。

多年生常绿草本。株高30～40厘米。茎直立不分枝，节间明显。叶互生，叶柄长，基部扩大成鞘状；叶狭长，长披针形，浅绿色，叶面有灰绿条斑。

广东万年青

科属：天南星科广东万年青属
别名：竹节万年青

Aglaonema modestum

广东万年青原产于我国南部及菲律宾。喜温暖、湿润的环境，耐阴，忌阳光直射，不耐寒，冬季温度不得低于5℃。土壤宜疏松肥沃，呈微酸性，忌黏重土壤。

繁殖方法

多采用扦插繁殖，四季均可进行，把已老化的干基截成10厘米左右长的一段作插穗，用微酸性土作扦插基质，温度保持在18℃左右，并保持一定湿度，半月即能生根。分株繁殖一般在2~3月间结合换盆进行，将丛生植株分为带根的数株，另行栽植即可。

花卉诊治

生长期间易受叶斑病、炭疽病、介壳虫、褐软蚧等危害。应及时清除病残叶片；发病初期或后期均可用0.5%~1%的波尔多液或50%多菌灵1 000倍液喷洒。

养花之道

盆栽一般3年左右可进行换盆，可用园土和腐叶土混合作培养土。

生长期水肥要充足，除正常浇水外，叶面还要经常喷水；20天左右可施1次含氮和钾的液肥。

室内越冬温度宜在5℃以上，并少浇水，干燥可提高抗寒力。

摆放布置

广东万年青叶片素雅，株形整齐，极为耐阴，是优秀的室内观赏植物。盆栽点缀厅堂、会议室、门厅等处均十分适宜。水培观赏亦具特色。叶可作插花材料。

多年生常绿草本植物。茎直立不分枝。叶互生，绿色有光泽，卵状椭圆形；叶柄长，基部扩大成鞘状。肉穗花序具较叶柄短之花序；花小，绿色；秋季开花。浆果鲜红色。

尖尾芋

科属：天南星科海芋属

别名：老虎耳、独脚莲

Alocasia cucullata

尖尾芋分布于我国华南、西南等地区。性喜高温多湿的半阴环境，忌烈日暴晒；不耐寒，气温低于5℃即会受到寒害，生长适温20～30℃。要求土壤疏松肥沃、排水良好。

繁殖方法

多用分株繁殖。春至秋季将母株分离栽培即成。也可分切肥大的芽头，每块均带芽眼，栽植入土，即能长成新株。

花卉诊治

病虫害较少，偶有叶斑病、炭疽病、灰霉病等危害，可用多菌灵1 000倍液、甲基托布津1500倍液防治。

养花之道

栽培以腐殖质壤土或腐叶土为好。

室内摆放应避免阳光直射或暴晒。

生长期每月追肥复合肥1次，夏季要充分浇水，并经常向植株喷水，以免叶片发黄。

秋季逐渐减少浇水，保持土壤一定湿度即可。

冬季植株进入休眠期，须在温暖处越冬。

摆放布置

尖尾芋植株清秀，叶色碧绿，风格独具。可盆栽置于室内、大堂、阳台等处，亦可水培观赏；华南地区可丛植于林缘、庭院荫蔽处，或配植于假山、池畔。

多年生常绿草本，高1米左右。叶互生，阔卵形，先端渐尖。肉穗花序单生；花小形，黄白色，单性同株；佛焰苞肉质，长15～30厘米，肉穗花序短于佛焰苞；雄花在上部，中性花在中部，雌花在下部；花期6～7月。浆果淡红色，果期8月。

海芋

科属：天南星科海芋属

别名：滴水观音、广东狼毒、野芋

Alocasia odora

海芋原产于我国华南和西南，东南亚地区也有分布。喜高温多湿的半阴环境，忌烈日暴晒。以肥沃疏松的沙质壤土为佳。生长适温20～25℃。

繁殖方法

主要繁殖方法为分株和扦插。分株繁殖，生长季节海芋基部常分生出许多幼苗，待其长至3～4片真叶，可挖出栽种成为新植株。扦插繁殖，取植株茎干，截成每10厘米左右一段作插穗，切口应涂抹硫黄粉或草木灰，插在素沙、碎石或草炭土等松散基质中，保持湿度即可形成新植株。

花卉诊治

生长期病虫害较少。休眠期常见的有软腐病，多发生在根茎基部，可用72%农用链霉素3 000倍液喷洒，伤口处可多喷。

—— 养花之道 ——

盆栽海芋宜放疏荫、空气清新、湿润环境。

每年春季翻盆换土，植株宜高植，以利排水，盆土应高出盆边，可促进新根发生。生长季节经常保持盆土及环境湿润，每月施1次以氮肥为主的稀薄液肥。越冬期间禁肥控水，保持盆土微潮，叶片不萎垂即可。每周向叶面喷1次与室温相同的清水，常保叶色光洁油润。

摆放布置

海芋植株高大挺拔，茎干粗壮粗朴；叶终年碧绿，且耐阴能力强，是花市常见观叶植物。大盆栽植适合布置会议室、客厅、门廊等处；华南地区可露地栽培于庭院角隅、池畔、假山等荫蔽处观赏。

多年生草本，高3~5米。茎肉质粗壮。叶盾状，着生于茎顶，阔卵形，叶柄粗壮，基部扩大而抱茎。总花梗成对由叶鞘中抽出；佛焰苞上部舟状，先端锐尖；肉穗花序短于佛焰苞，雌花位于下部，雄花位于上部；花期4~5月。浆果淡红色，果期6~7月。

黑叶观音莲

科属：天南星科海芋属

别名：观音莲、黑叶芋

Alocasia × mortfontanensis

黑叶观音莲为园艺栽培品种。喜温暖湿润的半阴环境，耐半阴。

繁殖方法

可用分株或分球法，春、夏2季为适期。成株能生长多数子株，掘起分离子株另植即成。成株地下根茎肥大，也可将之掘起分切，每块均带芽眼，浅植入土亦能长成新株。

花卉诊治

病害常有软腐病、炭疽病发生，可用多菌灵1 000倍液或甲基托布津1 500倍液喷洒。

—— 养花之道 ——

土壤以排水好、肥沃、疏松的腐叶土或泥炭土为合适。

耐水湿，生长季节盆土要保持湿润，空气湿度在70%～80%，有利叶片生长发育。

切忌强光暴晒。在半阴环境下，叶色鲜嫩而富有光泽，叶脉清晰，叶色深绿。

摆放布置

黑叶观音莲株形紧凑直挺，叶片宽厚并富有光泽；叶色暗绿间杂白色叶脉，黑白分明，清晰如画，极富诗情画意，为风格独特的观叶植物。可盆栽装饰书房、客厅、窗台等处，显得高贵典雅。

花叶芋

科属：天南星科五彩芋属
别名：彩叶芋、两色芋

Caladium bicolor

花叶芋原产于西印度群岛及巴西。喜高温、高湿、半阴环境，不耐寒，生长期光线不可太弱，但要避免夏季强烈直射光照。适生于疏松肥沃、排水良好的土壤。

繁殖方法

常用分株繁殖。4~5月在块茎萌芽前，将块茎周围的小块茎剥下，若块茎有伤，则用草木灰或硫黄粉涂抹，晾干数日待伤口干燥后盆栽。

花卉诊治

在块茎贮藏期会发生干腐病，可用50%多菌灵可湿性粉剂500倍液浸泡或喷洒防治。生长期易发生叶斑病等，可用80%代森锰锌500倍液或50%多菌灵可湿性粉剂1 000倍液或70%甲基托布津可湿性粉剂800~1 000倍液防治。

—— 养花之道 ——

植株在春、夏生长旺期应保证充足水分和较高空气湿度，每1~2周施1次液肥。

液肥不能沾污叶片，施肥后需喷水。

入秋逐渐减少浇水，当大部分叶片开始转黄并倒伏枯萎时可停止浇水，保持土壤一定湿度即可。

冬季休眠期，须将植物置于温暖处，一般保持温度在14~18℃。

次年5月可置于室外正常栽植管理。

摆放布置

花叶芋叶色绚丽多彩，是极好的室内盆栽观叶植物。小盆栽植可置于矮几或桌面装饰，大盆可用于阳台、窗台美化。

　多年生常绿草本，株高30～50厘米。基生叶，心形或箭形，绿色且具白色或红色斑点。佛焰苞白色，肉穗花序黄至橙黄色，平常栽培很少见到开花。浆果球形。

花叶万年青

科属：天南星科花叶万年青属

别名：花叶黛粉叶

Dieffenbachia picta

花叶万年青喜高温、高湿、半阴环境，不耐寒，生长期光线不可太弱，但要避免夏季强烈直射光照。适生于疏松肥沃、排水良好的土壤。

繁殖方法

常用扦插方法繁殖。扦插以7~8月高温期扦插最好，剪取茎的顶端7~10厘米，切除部分叶片，减少水分蒸发，切口用草木灰或硫黄粉涂敷，插于沙床或用水苔包扎切口，保持较高的空气湿度，置半阴处，日照50%~60%，在室温24~30℃下，插后15~25天生根，待茎段上萌发新芽后移栽上盆。也可将老基段截成具有3节的茎段，直插土中1/3或横埋土中诱导生根长芽。

养花之道

在春、夏生长旺期应保证充足水分和较高空气湿度，每1~2周施1次液肥。

注意施液肥时不要沾污叶片，施肥后需喷水。

入秋逐渐减少浇水，保持土壤一定湿度即可。

冬季需将植株移至室内光线明亮处，一般保持温度在14~18℃为宜。

次年5月可移至室外。

花卉诊治

室内栽培常有叶斑病、炭疽病危害。在春、夏季病害高发期可施用甲基托布津1 000倍液或炭特灵800~1 000倍液体防治。

摆放布置

本种叶大色浓绿、斑纹醒目，为极佳室内盆栽观叶植物。最宜用于装饰宾馆酒店大厅、会议厅；家庭盆栽可用于客厅、阳台及窗台美化；具有较强的净化室内空气的能力。

常绿草本，干粗壮多肉质，株高可达1.5米。叶片大而光亮，着生于茎干上部，椭圆状卵圆形或宽披针形，先端渐尖，全缘；宽大的叶片两面深绿色，其上镶嵌着密集、不规则的白色、乳白、淡黄色等色彩不一的斑点、斑纹或斑块。其园艺品种甚多，不同的品种叶片上的花纹不同。

绿萝

科属：天南星科绿萝属
别名：黄金葛

Epipremnum aureum

绿萝原产于印度尼西亚的所罗门群岛，现世界各地广泛栽培。喜温暖湿润的半阴环境，怕强光直射；不甚耐寒，冬季温度低于5℃即受寒害。土壤以肥沃的腐叶土或泥炭土为宜。

繁殖方法

常用扦插法繁殖。春末夏初选取健壮的绿萝藤，剪取15～30厘米的枝条，将基部1～2节的叶片去掉，注意不要伤及气根，然后插入素沙中，深度为插穗的1/3，淋足水放置于荫蔽处，每天向叶面喷水或覆盖塑料薄膜保湿，只要保持环境不低于20℃，成活率均在90%以上。

花卉诊治

主要病害为叶斑病及炭疽病。在春、夏季病害高发期可施用甲基托布津1 000倍液或炭特灵800～1 000倍液体防治。

—— 养花之道 ——

生长期注意保持土壤湿润，每月施用液态肥料1～2次；夏季忌烈日暴晒，需置于半阴处。

秋冬季室内空气湿度低时需定期向叶表面喷水，同时需要防止土壤过湿，否则叶面容易黄化。

摆放布置

绿萝叶形多变，生长旺盛，可攀爬树干、垣墙等处，富有热带气息。盆栽多制成绿萝柱，可装饰酒店宾馆大堂、家庭客厅等处；小型的盆栽亦可水培或盆栽置于书桌、窗台等处观赏。

蔓性多年生。茎叶肉质，以攀缘茎附于他物上，茎节有气根。叶广椭圆形，蜡质，暗绿色，有的镶嵌着金黄色不规则斑点或条纹。茎可长达十几米或更长；枝条下垂时叶片小，顶尖向上时叶片变大；小叶片长6~10厘米，大叶片可长60厘米以上。

白鹤芋

科属：天南星科苞叶芋属
别名：一帆风顺

Spathiphyllum kochii

白鹤芋原产于南美洲的哥伦比亚，现我国栽培广泛。喜温暖湿润、半荫蔽的环境，忌旱涝，忌阳光直射，较耐低温。喜富含腐殖质、排水良好的中性或酸性土壤。生长适温18~25℃。

繁殖方法

常采用分株繁殖。分株适合在早春结合换盆时进行，在新芽萌发之前，从株丛基部将根茎切割开，使分开的每一小丛最好有2个以上的芽。伤口用草木灰或硫黄粉涂抹，晾干数日待伤口干燥后盆栽。

花卉诊治

若施肥不均衡，易引发茎腐病和心腐病，故在栽培全程中，宜采用配方施肥。此外常有叶斑病、炭疽病等危害，可施用甲基托布津1 000倍液或炭特灵800~1 000倍液体防治。

摆放布置

白鹤芋叶片翠绿，佛焰苞洁白，非常清新幽雅，是室内优良观叶植物。适宜布置厅堂、会场、商场、办公楼等公共场所，也适合客厅、卧室及阳台栽培观赏。在园林中可用于林荫下、荫蔽的水岸边种植。

—— 养花之道 ——

盆栽培养土可选用泥炭土、腐叶土、田园土及河沙等混合配制。

由于叶片较大，蒸腾量大，在旺盛生长季节应注意浇水，保持土壤湿润，炎热季节要在叶面喷水降低温度及增加空气湿度。

喜肥，每10天施肥1次，以氮肥为主，最好与有机肥交替施用，冬季停止施肥。

多年生常绿草本，株高40厘米。具短根茎。叶长椭圆状披针形，两端渐尖，叶脉明显，叶柄长，基部呈鞘状。花葶直立，高出叶丛，佛焰苞直立向上，稍卷，白色；肉穗花序圆柱状，白色；花期4~7月，花后不易结实。

合果芋

科属：天南星科合果芋属
别名：箭叶芋、丝素藤、白蝴蝶

Syngonium podophyllum

合果芋原产于中、南美洲的热带雨林中。适应性强，喜高温、多湿、半阴的环境，不耐寒，要求肥沃、疏松、排水良好的微酸性土壤。生长适温为22~30℃。

繁殖方法

扦插繁殖。在空气湿度较大的情况下，茎节上往往长出气生根，可剪下直接盆栽，放半阴处养护。有的蔓生长茎贴地而生，其茎节处不定根直接长入地下，只需挖取就可盆栽。

花卉诊治

常见叶斑病和灰霉病危害，可用70%代森锌可湿性粉剂700倍液喷洒。平时，可用等量式波尔多液喷洒预防。虫害有粉虱和蓟马危害茎叶，用40%氧化乐果乳油1 500倍液喷杀。

—— 养花之道 ——

盆栽土可用腐叶土、泥炭土和粗沙混合而成。

夏季生长旺盛期，需充分浇水，保持盆土湿润，以利于茎叶快速生长。

水分不足或遭受干旱，叶片粗糙变小。

冬季室内养护，切忌盆土过湿，否则遇低温多湿，会引起根部腐烂死亡或叶片黄化脱落。

摆放布置

合果芋翠绿光润，素雅淡然观赏效果好，特别适合家庭阳台、居室养护，既可吊盆悬挂观赏，又可柱状造型点缀，是很好的室内装饰植物；也可供室外墙篱、台阶、池边等阴湿处装饰。

多年生常绿藤本植物。茎绿色，攀附生长，有多数气生根。叶互生，幼叶箭形或戟形，淡绿色，老叶为掌状叶，多裂，深绿色。肉穗状花序，花序外有佛焰苞包被，其内部红色或白色，外部绿色，花期夏、秋季。

龟背竹

科属：天南星科龟背竹属

别名：蓬莱蕉、电线兰、龟背芋

Monstera deliciosa

龟背竹原产于墨西哥和中美洲，我国的广东、广西、云南、福建等地常露天栽培，北方均植于温室。喜温暖、湿润气候，不耐寒，喜充足的散射光，忌强光。以肥沃、疏松的沙质壤土为佳。

繁殖方法

主要扦插繁殖。剪取长约20厘米的枝条，将基部1～2节叶片去除，用营养土直接扦插于盆中即可。扦插适温25℃以上，入秋后扦插不会发根。

花卉诊治

常见病害有叶斑病、灰斑病和茎枯病，可用65%代森锌可湿性粉剂600倍液喷洒。最常见虫害为介壳虫，少量时可用旧牙刷清洗后用40%氧化乐果乳油1 000倍液喷杀。

—— 养花之道 ——

盆土常用腐叶土与园土各半配置，盆中树立木柱使植物攀缘生长。

以后每年不需换盆，只需添换新土，可摆放于明亮而半阴处栽培。

生长期要充分浇水，每半个月追施1次磷钾肥。

冬季禁肥控水，保持土面潮润即可。

经长期室内盆栽的植株，基部叶片易脱落，可在5～6月将老株全部剪除，让其重新萌发新枝呈新株。

摆放布置

龟背竹株形优美，叶片形状奇特，富有光泽，整株观赏效果较好。适合室内客厅、廊道、阳台等处摆设与点缀。南方也可露地栽培于庭院、公园观赏。叶片可作切叶材料。

多年生常绿蔓生藤本。茎粗壮，绿色，长达7~8米，生有褐色气根。叶厚革质，互生，暗绿色或绿色，叶嫩时心形，无孔，长大后呈羽状深裂，各叶脉间有穿孔，革质，下垂。肉穗花序，花淡黄色。浆果淡黄色。花期8~9月，果实于翌年花后成熟。

绿宝石喜林芋

科属：天南星科喜林芋属
别名：绿帝王

Philodendron erubescens 'Green Emerald'

绿宝石喜林芋为园艺栽培品种。喜高温高湿、通风良好的半阴环境，忌烈日暴晒；不耐寒，气温低于5℃即会受到寒害；不耐干旱。栽培以疏松肥沃、富含腐殖质的酸性土壤为宜。

繁殖方法

多用扦插繁殖，在高温潮湿季节极易生根。一般于4~8月间切取茎部3~4节，摘去下部叶，将插条插于腐叶土和河沙掺半的基质中，保持基质和空气湿润。经2~3周即可生根上盆。

花卉诊治

常有叶斑病、炭疽病危害。可施用炭特灵1 000倍液、甲基托布津1 500倍液体防治。

—— 养花之道 ——

春夏季生长应保持盆土湿润，秋冬干旱季节经常叶面喷水，保持空气湿度。

喜肥，生长季节每15~20天施用液态氮肥1次，但冬季应停止施肥。

室内盆栽时宜置窗前、阳台等光线明亮处，若长时间光线太弱易引起徒长，节间变长，生长细弱，不利于观赏。

摆放布置

绿宝石喜林芋形规整雄厚，叶片宽大浓绿，栽培常攀附圆柱栽培可形成一绿色圆柱，是室内盆栽观叶佳品。常以大中型盆栽摆设于厅堂、会议室、办公室、书房等处，富有热带气息。

多年生常绿攀缘藤本。节具气生根。叶片长心形，大型，质稍硬，叶鲜绿，具光泽。叶柄、叶背和新梢为鲜绿色。

春羽

科属：天南星科喜林芋属

别名：羽裂喜林芋

Philodenron selloum

春羽原产于南美洲巴西、巴拉圭等地。喜高温高湿、通风良好的半阴环境，忌烈日暴晒；不耐寒，气温低于5℃即会受到寒害；不耐干旱。栽培以疏松肥沃、富含腐殖质的酸性土壤为宜。

繁殖方法

常用扦插繁殖。以5～9月最好，剪取健壮茎干2～3节，直接插入粗沙中，保持湿润，约20天可生根。

花卉诊治

病害主要有叶斑病、炭疽病。可施用甲基托布津1 000倍液、炭特灵1 000倍液体防治。虫害少见。

—— 养花之道 ——

生长期保持土壤湿润，经常叶面喷水，干旱季节尤其注意保持空气湿度，冬季控水，保持土壤微湿即可。

生长期每15～20天施用1次氮肥，可使叶片碧绿有光泽。

摆放布置

春羽叶片大而奇特，叶色翠绿富有光泽，耐阴性较强，是备受青睐的室内观叶植物之一。大型盆栽常摆放于客厅、大堂等宽敞处；水培或盆栽小株可置于案头、窗台等处。

　　多年生常绿草本，株高可达1米，茎粗壮直立，直径可达10厘米，茎上有明显叶痕及电线状的气根。叶于茎顶向四方伸展，叶柄长40～60厘米，叶身鲜浓有光泽，呈卵状心脏形，全叶羽状深裂，呈革质。实生幼年期的叶片较薄，呈三角形，叶片随生长逐渐变大，羽裂缺刻愈多且愈深。

金钱树

科属：天南星科雪铁芋属
别名：泽米芋、泽米叶天南星

Zamioculcas zamiifolia

金钱树原产于非洲东部，现我国栽培广泛，以广东、海南栽培为多。喜高温湿润的半阴环境，忌烈日暴晒；不耐寒，气温低于5℃即会受到寒害；喜高空气湿度。喜深厚肥沃、富含腐殖质的酸性土壤。

繁殖方法

用分株繁殖。春季结合换盆，将块茎的结合薄弱处掰开，并在创口上涂抹硫黄粉或草木灰，另行上盆栽种即可。

花卉诊治

褐斑病多发生于叶片上，病斑呈近圆形，灰褐色至黄褐色，边缘颜色略深。发现少量病叶，要及时摘除销毁，发病初期用50%的多菌灵可湿性粉剂600倍液或40%的百菌清悬浮剂500倍液，每隔10天喷洒叶片1次，连续3~4次，防治效果较好。

—— 养花之道 ——

生长期保持土壤湿润，并经常向叶面喷水；雨季注意排水，防止盆土积水；干旱季节尤其注意保持环境湿度。

较喜肥，除盆内施足基肥外，生长季节每月浇施1~2次0.2%的尿素加0.1%的磷酸二氢钾混合液。

摆放布置

金钱树叶片肥厚翠绿，耐阴能力极强，是颇为流行的大型盆栽观叶植物。可摆放客厅、书房、大堂、阳台等处，格调高雅质朴，并富有南国情调。

多年生常绿草本植物，株高30～50厘米。地下具肥大的块茎，浅黄色。羽状复叶自块茎顶端抽生，小叶在叶轴上呈对生或近对生。小叶卵形，全缘，厚革质，有光泽。花瘦小，浅绿色。

平安树

科属：樟科樟属

别名：兰屿肉桂、红头屿肉桂

Cinnamomum kotoense

平安树原产于我国台湾兰屿，现栽培广泛。喜温暖湿润、阳光充足的环境，喜光，幼树较耐阴；不耐寒，温度低于0℃会受冻害；稍耐水湿。喜疏松肥沃、富含腐腐殖的酸性土壤。

繁殖方法

多用播种法育苗。于9~10月使用成熟的紫黑色果实进行播种，洗去果皮果肉后，漂浮去空瘪的种粒，摊放于阴凉处晾干，可随采随播。此外，也可尝试压条繁育。

花卉诊治

主要由炭疽病、褐斑病发生，发现少量病叶，及时摘除销毁；生长季节增施磷钾肥，提高植株抗性；发病初期，用25%的炭粉灵可湿性粉剂500倍液，75%的甲基托布津可湿性粉剂600倍液，交替喷洒。

—— 养花之道 ——

盆栽植株进入夏季后，可将其移放于树荫下或遮光40%~50%的遮阳棚下，则生长比较理想。

若光线过强，易造成叶片发黄而失神，降低其应有的观赏价值。

冬季应维持不低于5℃的棚室温度，方可使其叶片始终保持碧绿之美态。

摆放布置

平安树叶大而肥厚，适宜盆栽布置室内景观或在南方地区栽植，既是优美的盆栽观叶植物，又是非常漂亮的园景树。

常绿小乔木，株高可达10～15米。叶片对生或近对生，卵形或卵状长椭圆形，先端尖，厚革质。叶片硕大，表面亮绿色。未见花。果卵球形，果期8～9月。

孔雀竹芋

科属：竹芋科肖竹芋属

别名：蓝花蕉、五色葛郁金

Calathea makoyana

孔雀竹芋原产于热带美洲及印度洋的岛屿中。性喜半阴，不耐直射阳光，适应在温暖、湿润的环境中生长，对土壤要求不严，最宜在疏松肥沃的土壤上生长。

繁殖方法

多采用分株繁殖。一般多于春末夏初气温20℃左右时结合换盆换土进行。分株时将母株从盆内扣出，除去宿土，用利刀沿地下根茎生长方向将生长茂密的植株分切，使每丛有2~3个萌芽和健壮根；分切后立即上盆充分浇水，置于阴凉处，1周后逐渐移至光线较好处，初期宜控制水分，待发新根进入正常管理。

—— 养花之道 ——

栽培时宜给予一定程度的遮阴，并保持温度在12~29℃，春夏两季生长旺盛，需较高空气湿度，可进行喷雾；生长季节，要求保持适度湿润，约2周施1次肥。

冬季温度宜维持在16~18℃，土壤保持相对干燥。

花卉诊治

叶斑病发病主要由高温高湿、空气不流通、植株摆放过密等引起，应适当通风透光，降低环境的湿度，可减少发病。发病时用50%的多菌灵600~800倍液；或75%百菌清600~800倍液，每隔7~10天进行1次防治。

摆放布置

孔雀竹芋叶片美丽动人，生长茂密，又具耐阴能力，是理想的室内绿化植物，可用于装饰书房、卧室、客厅等。也可成行栽植为地被植物，欣赏其群体美。

多年生常绿草本，高30~60厘米。叶卵状椭圆形，长15~20厘米，革质，沿中脉两侧分布着深浅不同的绿色斑纹；叶背紫红色。白色小花生于穗状花序苞片内，不甚显著。

艳锦密花竹芋

科属：竹芋科紫背竹芋属
别名：三色竹芋、紫背竹芋

Stromanthe sanguinea 'Tricolor'

艳锦密花竹芋为密花竹芋的园艺栽培品种，我国华南地区广泛栽培。喜高温湿润的半阴环境，忌烈日灼射；不耐寒，低于5℃忌会受到寒害；喜高空气湿润，不耐旱。栽培宜疏松肥沃、富含腐殖质的沙质壤土。

繁殖方法

分株繁殖。生长旺盛的植株每1~2年可分盆1次。分株宜于春季气温回暖后进行，沿地下根茎生长方向将丛生植株分切为数丛，然后分别上盆种植，置于较荫蔽处养护，待发根后按常规方法管理。

花卉诊治

常见病害主要有叶斑病和叶枯病。发病初期可用65%代森锌可湿性粉剂600倍液、甲基托布津1 000倍液喷洒防治。

—— 养花之道 ——

生长季须保持盆土湿润，并注意向叶面喷水，尤其夏秋两季气温较高、空气干燥时更须喷水，以保持较高的空气湿度；秋末气温较低，要控制浇水量，保持盆土微湿即可。

生长季每月施1~2次液肥，以保证其生长健壮、枝叶繁茂。紫背竹芋喜阴，忌阳光直晒，不可置于阳光下，否则叶片褪绿，失去光泽，严重的会造成日灼病；但也不宜长期放在阴暗及通风不良处，以免叶片发黄、脱落。

摆放布置

艳锦密花竹芋叶色鲜艳，耐阴能力强，是优良的室内观叶植物。可用来布置客厅、办公室、书房、走廊等处。

　多年生常绿草本，株高30～100厘米。叶基生，叶长椭圆形至宽披针形，叶正面绿色间或面积大小不一乳白色斑块，叶背面紫红色。圆锥花序，苞片及萼片红色，花白色；花期春季。

短穗鱼尾葵

科属：棕榈科鱼尾葵属
别名：丛生鱼尾葵

Caryota mitis

短穗鱼尾葵原产于我国华南等地区，生于山谷林中。喜高温高湿的半阴环境，较耐阴；不耐寒，气温低于3℃即会受到寒害；喜高空气湿度。喜深厚肥沃、富含腐殖质的沙质壤土。

繁殖方法

播种繁殖。春季将种子播于疏松透气的沙质壤土，覆盖5厘米基质，适当遮阴，保持室温约25℃，保持土壤湿润与较高空气湿度，2～3个月可以出苗，第2年春季可上盆种植。

花卉诊治

常见病害有炭疽病、叶枯病、灰斑病等，可施用炭特灵1 000倍液防治。

—— 养花之道 ——

盆栽需施足基肥，生长期保持土壤湿润即可，并施用液态肥1～2次，干燥季节经常向叶面喷水保持空气湿度。

北方冬季温度低于5℃即受寒害，需移入室内越冬。

摆放布置

短穗鱼尾葵树形美观、耐阴能力强，适于盆栽室内供观赏。可摆放宾馆、大堂、客厅等处，富有热带风情。茎的髓心含淀粉，可供食用，花序液汁含糖分，供制糖或酿酒。

丛生小乔木，高5~8米，盆栽的株高多为1~3米。叶长1.5~3米，下部羽片小于上部羽片；羽片呈楔形或斜楔形。花序短，花瓣狭长圆形，淡绿色；花期4~6月。果球形，成熟时紫红色，果期8~11月。

袖珍椰子

科属：棕榈科袖珍椰子属

别名：矮生椰子、袖珍棕、矮棕

Chamaedorea elegans

袖珍椰子原产于墨西哥北部和危地马拉，主要分布在中美洲热带地区。

繁殖方法

播种或分株繁殖。选用当年采收的种子，即采即播，以春季播种为宜，选择饱满大粒新鲜种子，洗净浆果，取出种子，直接播在河沙苗床上，用塑料薄膜保温育苗。土壤应保持湿润为宜。

花卉诊治

高温多湿及通风不良易发生黑斑病，尤其在4～11月生长旺盛期，必须注意防病，一旦发现叶尖枯焦，要及时喷50%甲基托布津或50%百菌清800～1 000倍液防治，同时保证室内通风凉爽、透气。

——养花之道——

袖珍椰子栽培基质以排水良好、湿润、肥沃壤土为佳，盆栽时一般可用腐叶土、泥炭土加1/4河沙和少量基肥培制作为基质。

夏秋季空气干燥时，要经常向植株喷水，以提高环境的空气湿度，这样有利其生长，同时可保持叶面深绿且有光泽；冬季适当减少浇水量，以利于越冬。

摆放布置

植株小巧玲珑，株形优美，姿态秀雅，叶色浓绿光亮，耐阴性强，是优良的室内中小型盆栽观叶植物。小株宜用小盆栽植，置案头桌面，为台上珍品，亦宜悬吊室内，装饰空间。可供厅堂、会议室等处陈列，为美化室内的重要观叶植物。

常绿小灌木，株高1~2米。茎干直立，不分枝。叶丛生于枝干顶，羽状全裂，裂片披针形，互生，深绿色，有光泽。肉穗花序腋生，雌雄异株，花黄色，呈小球状，花期春季。浆果橙黄色。

散尾葵

科属：棕榈科散尾葵属
别名：黄椰子

Chrysalidocarpus lutescens

散尾葵原产于非洲马达加斯加，我国华南广为栽培，北方多盆栽观赏。

繁殖方法

可用播种繁殖和分株繁殖。常规的多用分株，于4月左右结合换盆进行，选基部分蘖多的植株，去掉部分旧盆土，以利刀从基部连接处将其分割成数丛。每丛不宜太小，须有2~3株，并保留好根系。

花卉诊治

常有炭疽病发生，可施用50%甲基托布津或50%百菌清800~1 000倍液防治。同时，若环境干燥、通风不良，容易出现红蜘蛛和介壳虫危害，故应定期用800倍氧化乐果乳油喷洒防治。

—— 养花之道 ——

生长季节必须保持盆土湿润和植株周围的空气湿度；散尾葵怕冷，耐寒力弱，在中国北方地区室外培养的一般于9月下旬至10月上旬入室，需放在阳光充足处。

在越冬期还须注意经常擦洗叶面或向叶面少量喷水，保持叶面清洁。

摆放布置

散尾葵形态潇洒优美，性耐阴，在明亮的室内可长时间陈设观赏。在较暗的环境也可连续摆放4~6周。散尾葵是深受欢迎的高档观赏植物。枝条开张，枝叶细长而略下垂，株形婆娑优美，姿态潇洒自如，是著名的热带观叶植物。

　　丛生常绿灌木，可高达3～8米。茎干光滑无毛刺，上有明显叶痕。羽状复叶，小叶及叶柄稍弯曲，小羽片披针形，左右两侧不对称，叶面亮绿色。佛焰花序生于叶鞘束下，花单性同株；花成串，朵小，色金黄；花期3～5月。果近球形或呈陀螺状。

棕竹

科属：棕榈科棕竹属
别名：观音竹、筋头竹

Rhapis excelsa

棕竹原产于我国广东、广西、云南、贵州等地。性喜温暖湿润、半阴通风的环境，低于0℃易受冻害，畏烈日直射，较耐干旱。喜生长于疏松湿润、排水顺畅且富含腐殖质的酸性沙壤土中。

繁殖方法

常用分株繁殖。分株繁殖常在4月份结合换盆进行。每隔2～3年换1次盆。分株时，每个株丛不宜少于10杆，否则生长恢复慢、观赏效果差。分株上盆后，要放半阴处，浇水不要太多，待萌发新枝后再移至向阳处养护，然后进行正常管理。

花卉诊治

病虫害较少，主要有介壳虫，若家庭栽培可人工洗刷杀之即可。北方地区应施以少量硫酸亚铁溶液，可防止叶片缺铁黄化。

—— 养花之道 ——

生性强健，管理粗放，5～9月需要遮阴，宜保持60%的透光率。

生长期土壤以湿润为度，宁湿勿干，空气干燥时，且要经常喷水保持环境有较高的湿度。

施肥每月施用氮肥1～2次即可。

摆放布置

棕竹姿态秀雅，翠杆亭立，叶盖如伞，四季常青，观赏价值很高。可成丛林式种植，再配以山石，植于庭院、阳台。盆栽可布置客厅、廊道、墙隅。

丛生灌木，高约1米。茎圆柱形，有节，密被淡褐色网状叶鞘。叶掌状深裂，裂片7～10片，线形。雌雄异株，雄花序长25～30厘米，具3～4个分枝花序；花期7～8月。种子球形。

软叶刺葵

科属：棕榈科刺葵属
别名：美丽针葵

Phoenix roebelenii

软叶刺葵原产于印度及中南半岛，我国华南、西南、华东南部等地也有分布。喜温暖湿润气候，喜光，耐半阴；不耐寒，温度低于5℃即会受到寒害；喜空气湿度高，稍耐旱。对土壤要求不严。

繁殖方法

常用繁殖方法为播种。10～11月份果实成熟，采收后即播或翌年春季播种。播种后保持基质湿润，维持20～30℃室温，2～3月可以出苗。

花卉诊治

病虫害少，但在空气干燥及通风不良时易发生介壳虫。家庭盆栽发生少量介壳虫危害时，可用毛刷刷去；亦可施用氧化乐果乳油1 000倍液防治。

—— 养花之道 ——

4～9月生长旺期保持盆土湿润，每20～30天施用施稀薄液肥1次，其他季节可不施肥。

秋冬季空气干燥时每日向植株喷水1次，以提高环境湿度，否则叶易枯尖发黄。

冬季土壤偏干为宜，盆土保持间干间湿。

6～9月忌烈日暴晒，宜置于半阴处，否则叶片发黄。北方户外温度低于10℃时，即需移入室内栽培。

摆放布置

软叶刺葵株形挺拔，冠形舒展，枝叶拱垂，叶青翠亮泽，是优良的盆栽观叶植物。适于布置客厅、书房、走廊等处，显得雅观大方；大型盆栽植株常用于布置会场、大厅、大堂等处。

　　常绿灌木，高1～3米，具宿存的三角状叶柄基部。叶长1～2米；羽片线形，较柔软。佛焰苞长30～50厘米；雄花序与佛焰苞近等长，雌花序短于佛焰苞；分枝花序长而纤细，长达20厘米；花期4～5月。果实长圆形，顶端具短尖头，成熟时枣红色，果期6～9月。

落地生根

科属：景天科落地生根属

别名：土三七

Bryophyllum pinnatum

落地生根分布于我国西南、华南、华东南部。喜温暖湿润及阳光充足的环境，较耐旱，甚耐寒，适宜生长于排水良好的酸性土壤中。

繁殖方法

繁殖容易，除能用叶上的不定芽"播种"外，还可以用叶扦插，将叶平铺在基质上，土壤不要太潮，待其生根后切开，或将叶切成段，切口阴干后扦入基质，用此法易生根。

花卉诊治

主要有灰霉病、白粉病危害，可用70%甲基托布津可湿性粉剂1 000倍液或百菌清1 500倍液喷洒。虫害有介壳虫和蚜虫危害，用40%氧化乐果乳油1 000倍液或吡虫啉2 000倍液喷杀防治。

—— 养花之道 ——

盆栽时可用疏松肥沃、排水顺畅的沙质壤土。

对新上盆的小苗要及时摘心，促进分枝；对于较老的植株，其茎半木质化、脱脚且多弯曲不挺立，观赏价值降低，应予以短截，使其萌发新枝。

平时浇水要待干透再浇，施肥不必过勤，否则造成旺长，并有可能造成植株腐烂，生长季每月施1～2次肥即可。

盛夏要稍遮阴，其他季节都应有充足的光照，否则叶缘的色彩将消失。

秋凉后要减少浇水，冬季入室后，室温只要保持0℃以上就能越冬。但盆土需要稍微保持湿润。

摆放布置

落地生根叶片肥厚多汁，边缘长出整齐美观的不定芽，形似一群小蝴蝶，落地立即扎根繁育子孙后代，颇有奇趣。可盆栽点缀窗台、书房、客厅，颇具雅趣。

多年生肉质草本，高40~150厘米。羽状复叶，质地厚，多浆，长10~30厘米，或在上部为3小叶，或为单叶，小叶片矩圆形至椭圆形，长6~10厘米，宽3~6厘米，两端圆钝，边缘有粗的圆齿，圆齿底部容易生芽，芽长大后落地即成一新植物。圆锥花序顶生，长10~40厘米；花下垂，花冠裂片4，花淡红色或紫红色；花期1~3月。

第二章
让观果植物着果丰硕

柠檬

科属：芸香科柑橘属
别名：黎檬、洋柠檬

Citrus limon

柠檬从国外引入，现我国长江流域以南大部分地区均可栽培。喜温暖湿润、阳光充足的环境，耐阴，怕热，不很耐寒，在冬暖夏凉的亚热带地区生长最佳；忌土壤积水，喜深厚肥沃的酸性土壤。

繁殖方法

常用嫁接法繁殖。国外常用为砧木酸橙、粗柠檬和枳橙等，国内多选用枳壳作砧木，也可用柑、橙。选择优良单株接穗，春季用单芽切接法，秋季用小芽腹接法。

花卉诊治

柠檬，常见病害有黄龙病、疮痂病、溃疡病、烟煤病、树脂病、裙腐病。虫害有：红蜘蛛、锈壁虱、矢尖蚧、吹绵蚧、红蜡蚧、白粉虱、蚜虫、潜叶蛾、凤蝶、卷叶蛾、天牛、爆皮虫、粉蚧、天蠖、根线虫病等，防治病虫害应以预防为主，注意观测虫情，及时喷药防治。

—— 养花之道 ——

盆栽柠檬如管理不当，往往只开花、不结果或少结果，甚至不开花。

盆栽柠檬在春梢萌发前，必须进行强度修剪。

柠檬喜肥，平时应多施薄肥。

植株在萌芽前施1次腐熟液肥，以后每7～10天施1次以氮肥为主的液肥，促使多长枝叶，多发春梢。

摆放布置

柠檬果实硕大，果色金黄，十分诱人，且挂果期极长，是花市常见观果盆栽及年宵观果佳品。盆栽可置于阳台、客厅等处；亦可种植于庭院花园、房前屋后，可食可赏。

常绿小乔木。具针刺，嫩枝带紫色。叶片长椭圆形或卵状长椭圆形，边缘具波状细锯齿。花单生，呈总状花序，花瓣外侧带紫色，内侧白色，略有香味；花期4～5月。果椭圆形或倒卵形，柠檬熟时黄色，顶部具乳头状突起，具特有的柠檬香气，果期9～11月。

金橘

科属：芸香科 金橘属
别名：金枣

Fortunella margarita

金橘原产于我国亚热带地区，至今已有1700多年的栽培历史。性喜湿润凉爽，较耐寒，又耐旱，稍耐阴。要求土质深厚、肥沃的微酸性土壤。

繁殖方法

一般采用嫁接方法繁殖。在3~4月用切接法；芽接在6~9月进行；靠接在6月进行。

花卉诊治

常见虫害有柑橘凤蝶、红蜘蛛等。防治柑橘凤蝶可在幼虫期喷50%杀螟松1000倍液或80%敌敌畏1000倍液，在枝干外捕杀虫蛹。防治红蜘蛛可施用三氯杀螨醇1000倍液。

—— 养花之道 ——

盆栽金橘要注意开花坐果期的肥水管理，待上部嫩叶轻度萎蔫时才浇水，以控制植株过多的吸取营养生长，促使花芽分化。花芽分化完成后应逐渐恢复浇水量。

开花期和坐果期都不宜浇大水，稳果后才进行正常浇水，现蕾开花时应注意施足磷肥以利坐果。

摆放布置

盆栽金橘四季常青，枝叶繁茂，树形优美。夏季开花，花色玉白，香气远溢。秋冬季果熟或黄或红，点缀于绿叶之中，可谓碧叶金丸，扶疏长荣，观赏价值极高。花市常见年宵花卉，可置于客厅、宾馆、大堂、入口等处。

　　常绿灌木或小乔木，株高可达3米。叶长圆状披针形，两头渐尖，长4～9厘米，尖端具不明显锯齿；叶柄具狭翅。花生叶腋内，白色，花瓣5枚。果实小，呈倒卵形，长约3厘米，熟时呈黄色，汁多味美可连皮食用。

五色椒

科属：茄科辣椒属

别名：朝天椒、五彩辣椒

Capsicum frutescens

五色椒原产于美洲热带地区，现世界各地广泛栽培。不耐寒，性喜温热、向阳、光线充足的干燥环境，在潮湿肥沃、疏松的土壤生长良好。

繁殖方法

常用方法为播种繁殖。盆土可用园土、堆肥、垄糠灰等配合，放在阳光充足、空气流通的地方，生长期间多施液肥。花期适当多施磷肥，可使花多果多。果熟时要选有特色的留种，晒干脱粒收藏，次年春播。

花卉诊治

病虫害较少，病害主要有叶斑病，可用50%拖布津可湿性粉剂500倍液喷洒。蚜虫危害，可用50%杀螟松乳油1 500倍液喷洒。

—— 养花之道 ——

繁殖较为容易，于4～5月将种子播于露地苗床，覆土以看不见种子为宜，保持床面湿润，容易发芽出苗。

幼芽出土后，可适量浇1～2次人尿或0.1%的尿素溶液，待苗长至5～6片真叶时，即可移栽。

摆放布置

五色椒果实色彩丰富，果形多样，点缀于枝头，十分可爱，是夏秋盆栽供室内观赏的优良花卉，也可用作布置花径、花坛。

多年生草本，株高40～60厘米。茎半木质化，分枝多。单叶互生，卵状披针形或矩圆形。花小，白色，单生叶腋或蔟生枝梢顶端。花萼短，结果时膨大。浆果直立，小而尖，指形、圆锥形或球形；在成熟过程中，由绿色转变成白、黄、橙、红、紫等色，有光泽；果熟期8～10月。

211

乳茄

科属：茄科茄属
别名：五指茄、乳香茄、黄金果

Solanum mammosum

乳茄原产于美洲，我国广东、广西及云南均引种成功。喜温暖湿润和阳光充足的环境，不耐寒，低于5℃会受寒害；对土壤要求不严，但在土层深厚、疏松肥沃的土壤中生长较好。

繁殖方法

春季播种繁殖。播后覆土厚1～2厘米。经常保持土壤湿润，出苗后稍加遮阴，以后逐渐加强光照，苗高约15厘米时可分栽定植于盆中或地栽。

花卉诊治

常发生叶斑病、炭疽病危害，用甲基托布津1 000倍、百菌清1 500倍液喷洒。虫害有蚜虫和粉虱等，可用吡虫啉1 500～2 000倍液防治。

—— 养花之道 ——

新栽的植株经5～7天的遮阴缓苗后，应放在室外阳光充足处养护，盛夏也不必遮阴。

生长期可充分浇水，以保持土壤湿润，但不宜积水。坐果期则要减少浇水，以免枝叶徒长，造成花朵脱落，降低坐果率。

每周施1次腐熟的饼肥水，开花坐果后要增施磷钾肥，以提供充足的营养，使果实形状端正、色彩纯正。

摆放布置

乳茄成熟果实金黄鲜艳，果形奇特；观果期很长，摆在茶几案头，可观赏数月，特别是冬季落叶后，累累的金黄色果实耀眼醒目，可整枝剪下瓶插观果。

　　直立亚灌木，常作1年生植物栽培，株高约1米，具皮刺，全株被短柔毛。叶对生，阔卵形，叶长10～15厘米。花单生或数朵聚成腋生的聚伞花序，花青紫色。浆果圆锥形，长约5厘米，表皮蜡质，有光泽，金黄或橙黄色，先端钝，基部有3～5个乳头状突起。

珊瑚樱

科属：茄科茄属

别名：冬珊瑚、玉珊瑚

Solanum pseudocapsicum

珊瑚樱原产于南美洲，我国各地多有栽培。喜光，温暖、半阴处也能生长，稍耐寒；需土层深厚疏松的肥沃土壤；比较耐干旱。

繁殖方法

播种繁殖为主，春、夏、秋3季皆可，1~2周发芽，覆土以不见种子为度，发芽适温20～25℃，播种后10～15日发芽，待幼苗长出4～6片叶时再行移植。

花卉诊治

夏季高温季节，若遇雨淋或盆土过湿，易发生炭疽病，可在入夏后定期喷洒杀菌剂，可用代森锌和甲基托布津交替使用。

—— 养花之道 ——

生性强健，不择土质，但以肥沃富含有机质的壤土或沙质壤土生长最佳。

生长期间每1～2个月施肥1次，若枝条已旺盛，应按比例增加磷、钾肥，减少氮肥，以促进开花结果。

平时培养土要保持湿润，避免干旱缺水。冬季移至室内即可安全过冬。

摆放布置

珊瑚樱的果实小巧玲珑，鲜红可爱，挂果期长，点缀在青枝绿叶间，鲜艳夺目。可盆栽，放置室内观赏，也可植于庭院，池畔等处绿化环境。全株及果实有毒，但其根可供药用。

常绿小灌木，其株高可达1米。叶互生，披针状椭圆形，先端尖或钝，基部狭楔形下延成叶柄，边缘全缘或波状。花单生或数朵簇生于叶腋，花小，白色；花期夏、秋季。果圆形，成熟时红色或橙红色，果期秋、冬季。

石榴

科属：石榴科石榴属

别名：安石榴、海石榴、若榴

Punica granatum

石榴原产于伊朗和地中海沿岸国家，我国栽培历史悠久，现广植于全球的温带和热带地区。喜光，有一定的耐寒能力，喜湿润肥沃的石灰质土壤，较耐瘠薄和干旱，怕水涝。

繁殖方法

以播种和扦插繁殖为主。播种繁殖，于8～9月果实成熟时采集，搓去外种皮，晾干后湿沙贮藏，待翌年春季2～3月播种。播种前，将种子浸泡在40℃的温水中6～8小时，待种皮膨胀后散播于苗床，可有利于种子提前发芽。播后1个月左右便可发芽。扦插繁殖，剪取当年生半木质化枝条作插穗，插穗长8～15厘米，插入苗床后，做好遮阴、保湿和降温等措施，1个月左右即可生根成苗。

养花之道

秋季落叶后至翌年春季萌芽前均可栽植或换盆，盆栽选用腐叶土、壤土和河沙混合的培养土，并加入适量腐熟的有机肥。

生长期要求全日照，并且光照充足。

浇水应遵循“干透浇透”的原则，在开花结果期，不能浇水过多，盆土不能过湿，否则枝条徒长，导致落花、落果、裂果现象的发生。

同时应按“薄肥勤施”的原则，生长旺盛期每周施1次稀肥水。长期追施磷钾肥，保花保果。冬季温度低于−18℃，应做好防冻措施。

花卉诊治

主要应着重于坐果前后两个时期，前期防虫，后期防病害。蚜虫、蛞象、刺蛾等虫害可用2.5%扑虱蚜可湿性粉剂10克稀释1 500倍喷洒。病害主要有白腐病、黑痘病、炭疽病，可每半月左右1次喷施等量式波尔多液200倍液防治。

摆放布置

石榴初春新叶红嫩，仲夏繁花似锦，深秋硕果累累，寒冬苍劲古朴，是庭院美化和盆栽观赏的优良树种。

落叶灌木或小乔木，株高2~5米。树干灰褐色，嫩枝黄绿光滑，常呈四棱形。单叶对生或簇生，矩圆形或倒卵形，全缘，叶面光滑，短柄，新叶嫩绿或古铜色。花1朵至数朵生于枝顶或叶腋；花瓣红色或白色，单瓣或重瓣。浆果球形，黄红色；9~10月果熟。

佛手

科属：芸香科柑橘属
别名：佛手柑、五指柑

Citrus medica var. sarcodactylis

佛手原产于我国华南、东南热带地区，长江以南地区常见栽培，本种为香橼（*Citrus medica*）的栽培变种。喜温暖湿润、阳光充足的环境，耐阴，怕热，不耐寒，在冬暖夏凉的亚热带山地丘陵生长最佳；忌土壤积水，喜深厚肥沃的酸性土壤。

繁殖方法

佛手用扦插和嫁接繁殖，因为扦插繁殖迅速，又省工易行，适合大规模种植，故最为常用。嫁接法繁殖量小，但嫁接繁殖苗木生长旺盛、结果早、产量高、寿命长，用以加速繁殖良种。在培育优良品种时可以采用。

—— 养花之道 ——

栽培佛手施肥工作尤为重要，在花前、幼果期和采果后及时施入麸饼、堆肥、人畜粪尿并加入磷钾肥或复合肥，尤其要注意施好冬肥。

为保证佛手高产和稳定，必须做好树形树势的调整及花、果枝条的合理修剪。

花卉诊治

佛手的主要病虫害有潜叶蛾、红蜘蛛、锈壁虱、介壳虫、炭疽病等。红蜘蛛、锈壁虱用哒螨酮（扫螨净）3 000～4 000倍液、三唑锡、克螨锡1 000～1 500倍液或克螨特2 500倍液防治。

摆放布置

佛手的叶色泽苍翠，四季常青；果实色泽金黄，香气浓郁，形状奇特似手，千姿百态，是一种高档的室内观果树种。可盆栽置于客厅、书房、桌案等处，以供观赏。

常绿小乔木，高约1米。枝条有棱和粗硬短刺，老枝灰绿色。单叶互生，长椭圆形，叶缘有波状锯齿。花单生或簇生，总状花序，花色有白、红、紫色；4～9月可开花3～4次。果实长形，橙黄色，基部圆，上部分裂如掌，成手指状，果肉几乎完全退化，香气浓郁；果熟期11～12月。

杧果

科属：漆树科杧果属

别名：芒果、檬果

Mangifera indica

杧果原产于印度、马来西亚，我国华南地区有栽培。喜光，喜温暖湿润气候，不耐霜冻；在我国正常结果的年均温度20～25℃；耐水湿。喜土层深厚、排水良好，pH值5.5～7.5的壤土或沙质壤土为宜。

繁殖方法

实生苗生长缓慢，为了促其尽快结果，多采用嫁接繁殖。嫁接的方法有劈接、盾状补片芽接和枝腹接等，成活率高。

花卉诊治

杧果病害主要有炭疽病、叶斑病，可施用炭特灵1 000倍液或甲基托布津1 000倍液防治。病害主要有叶瘿蚊、茶黄蓟马等刺吸性虫害，可使用选用20%杀灭菊酯乳油或20%吡虫啉可溶剂防治。

—— 养花之道 ——

盆栽幼树根生长有12月至翌年2月、春梢老熟至夏梢萌发前、夏梢老熟后至秋梢萌发前3次生长高峰，应该保持土壤湿润，并适当根外追肥。

花芽分化11月至翌年1月为多，因此这一时期不可重修剪。

结果前至挂果期需每隔10～20天施用1次磷钾肥。

采收后的秋季须注意补水，秋季干旱影响秋梢母枝的萌发生长，从而影响来年开花结果。

摆放布置

杧果是著名的热带果树，品种繁多，有"热带水果之王"的美称。果实肉多，味鲜美，芳香，多汁，含糖量高，维生素丰富；除生食外，可加工成各种食品。树冠浓密，在华南地区可栽作庭荫树和行道树。

常绿乔木，高达25米；小枝绿色。单叶互生，常聚生枝端，长椭圆状披针形，长20～30厘米，全缘，革质；叶柄基部膨大。花小，杂性；圆锥花序长20～35厘米，有毛。核果长卵形或椭球形，微扁，长8～15厘米，熟时黄色。

朱砂根

科属：紫金牛科朱砂根属

别名：富贵果、大罗伞

Ardisia crenata

朱砂根分布于我国华东、华南、西南等地。喜温暖湿润、通风良好的环境，耐半阴；稍耐寒，能耐-5℃的低温，忌积水。适生于深厚肥沃、富含腐殖质的酸性土壤。

繁殖方法

种子繁殖。采收的种子可直接在浅盆里播种，覆土后在盆面上盖玻璃，以减少水分的蒸发。播种后温度保持在18~25℃为宜，50~60天发芽，待叶子开展后即可分盆移植栽培。

花卉诊治

盆栽植株易发生褐斑病、炭疽病，可施用甲基托布津1 000倍液、多菌灵800倍液喷洒防治。

—— 养花之道 ——

生长期保持土壤湿润，并施足基肥。施肥需遵循薄肥勤施的原则，每半月施1次磷钾肥，直至冬季果实微红。

夏秋季植株生长快，浇水要充足，并注意适当遮阴。

冬季生长量减少，此时应控制水分并保持充足光照。

摆放布置

朱砂根枝叶常青，株形秀丽。秋冬季红果串串，挂果期可达6月，是花市常见室内观果盆栽。可摆设于客厅、阳台、书案等处，尽显吉祥喜庆之气；亦可成片栽植于公园、庭院或林下荫蔽处，绿叶红果交相辉映，相得益彰。

常绿灌木，高1～2米。叶互生，叶薄革质，长椭圆形至倒披针形，长8～15厘米，边缘皱波状或波状。花序伞形或聚伞形，顶生，花白色或淡红色。浆果直径7～8毫米，有稀疏黑腺点，熟时呈红色。花期5～6月，果熟期10～12月。

人心果

科属：山榄科铁线子属
别名：吴凤柿、赤铁果

Manilkara zapota

人心果原产于墨西哥南部至中美洲、西印度群岛一带，我国华南以及华东的福建、台湾等地可露地栽培。喜温暖湿润、阳光充足的环境，稍耐阴；不耐寒，温度低于0℃会受寒害；根系深广，较耐旱。喜深厚肥沃的沙质壤土。

繁殖方法

可播种或压条繁殖。播种可在9～10月果实成熟时，剥去果肉取出种子阴干，留次年春播。压条宜在春季气温回升至20℃以上时进行，在一二年生枝条按3～4厘米宽度环剥，然后用以肥沃壤土包扎，经常保持土团湿润，约2个月可形成新根。

—— 养花之道 ——

栽培宜选择北风向阳，不积水且土层肥沃深厚之地。

生长期适当浇水，保持土壤湿润。

春季枝条抽梢，树冠扩大时，适当施用速效肥。

夏季开花结果期，增施磷钾肥，每月1～2次。果实采收后，追施肥1次，有利恢复树势。

冬季结合清园，剪除病虫枝和枯枝。

花卉诊治

人心果的主要病害有叶斑病、炭疽病，可在发病前期施用甲基托布津1 000倍液喷雾防治。虫害有蚜虫、介壳虫，易诱发煤烟病，可在危害前期施用甲胺磷1 000倍液或甲维盐乳液800～1 200倍液体防治。

摆放布置

人心果树形整齐，枝叶茂密；夏季果实累累，挂果期长，是优良的观赏果树。最宜种于庭院、阳台、院落观赏。果可生食，味甜可口；亦可做蔬菜食用，无论是烹、炒、炸，还是拌凉菜等，均清凉爽口；果还可制成鲜果汁、罐头、饮料、果脯、果酱等。

　　常绿乔木，高15～20米（栽培常较矮，且常呈灌木状）。叶互生，密聚于枝顶，长圆形或卵状椭圆形，长6～19厘米，宽2.5～4厘米，全缘或稀微波状。花1～2朵生于枝顶叶腋；花冠白色。浆果卵形或球形，长4厘米以上，褐色，果肉黄褐色，可食用。花果期4～9月。

葡萄

科属：葡萄科葡萄属
别名：菩提子、山葫芦

Vitis vinifera

葡萄原产于亚洲西部，现世界各地均有栽培。喜光，荫蔽处结果不良；喜温暖湿润环境，忌积水与土壤盐碱。栽培以深厚肥沃、排水顺畅的沙质壤土为宜。

繁殖方法

常用扦插繁殖。早春剪取生长粗壮、芽眼饱满的一年生枝条，用单芽或双芽剪成长5～15厘米插条，按15厘米×50厘米距离扦插在苗床中。

花卉诊治

红蜘蛛危害叶片及果穗。叶片受害后呈现很多黑褐色斑纹，严重时焦枯脱落。7～8月间喷73%克螨特3 000倍液或40%三氯杀螨醇1 000倍液。

—— 养花之道 ——

春季萌芽期除去多余的芽，并在修剪口涂抹愈伤防腐剂。

夏季始花前疏除过多的花序、留大去小、留壮去弱，以利于植株高产。

冬季落叶后进行修剪，长梢留8～12节、中梢留5～7节、短梢留1～3节。

摆放布置

葡萄品种众多，果期串串下垂，颇有丰收的意味，为优异的家庭经济树种。最宜栽植于庭院廊架、角隅等处，果即可食用又可观赏。

木质落叶藤本。具卷须，每隔2节间断与叶对生。叶卵圆表3～5浅裂或中裂，叶缘具锯齿，叶上面为绿色，下面浅绿色。圆锥花序密集或疏散，多花，花蕾倒卵圆形，花萼浅碟形，花瓣5。果实球形或椭球形。花期4～5月，果期8～9月。